essentials liefern aktuelles Wissen in konzentrierter Form. Die Essenz dessen, worauf es als „State-of-the-Art" in der gegenwärtigen Fachdiskussion oder in der Praxis ankommt. *essentials* informieren schnell, unkompliziert und verständlich

- als Einführung in ein aktuelles Thema aus Ihrem Fachgebiet
- als Einstieg in ein für Sie noch unbekanntes Themenfeld
- als Einblick, um zum Thema mitreden zu können

Die Bücher in elektronischer und gedruckter Form bringen das Fachwissen von Springerautor*innen kompakt zur Darstellung. Sie sind besonders für die Nutzung als eBook auf Tablet-PCs, eBook-Readern und Smartphones geeignet. *essentials* sind Wissensbausteine aus den Wirtschafts-, Sozial- und Geisteswissenschaften, aus Technik und Naturwissenschaften sowie aus Medizin, Psychologie und Gesundheitsberufen. Von renommierten Autor*innen aller Springer-Verlagsmarken.

Olaf Manz

Den Fehlerteufel ausgetrickst

Codierungstheorie verständlich erklärt

Olaf Manz
Worms, Rheinland-Pfalz, Deutschland

ISSN 2197-6708   ISSN 2197-6716   (electronic)
essentials
ISBN 978-3-662-66296-0   ISBN 978-3-662-66297-7   (eBook)
https://doi.org/10.1007/978-3-662-66297-7

Die Deutsche Nationalbibliothek verzeichnet diese Publikation in der Deutschen Nationalbibliografie; detaillierte bibliografische Daten sind im Internet über http://dnb.d-nb.de abrufbar.

Planung/Lektorat: Nikoo Azarm
Springer Spektrum ist ein Imprint der eingetragenen Gesellschaft Springer-Verlag GmbH, DE und ist ein Teil von Springer Nature.
Die Anschrift der Gesellschaft ist: Heidelberger Platz 3, 14197 Berlin, Germany

Was Sie in diesem *essential* finden können

Sie erfahren,

- dass Datenübertragungen etlichen Störungsquellen unterworfen sind und sich daher Empfangsfehler kaum vermeiden lassen,
- dass Beschädigungen an Speichermedien zu Fehlern beim Auslesen von Daten führen können,
- wie man mit Prüfziffern und CRC-Verfahren Fehler erkennen kann,
- dass die Entwicklung von Verfahren zur Fehlerkorrektur mit der Entdeckung der Hamming-Codes Mitte des 20. Jahrhundert ihren Anfang nahm,
- wie man 10 Jahre später die wahren Stars unter den fehlerkorrigierenden Codes, nämlich die Reed-Solomon-Codes konstruiert hat,
- dass Faltungscodes zwar einfach gestrickt, aber doch enorm wirkungsvoll sind, und
- wie Turbo-Codes Ende des 20. Jahrhunderts die Codierungstheorie revolutionierten.

Inhaltsverzeichnis

Worum es eigentlich geht

1.1 Wo überall der Fehlerteufel sein Unwesen treibt

Die **Codierungstheorie**, die sich gemäß Abb. 1.1 mit Verfahren zur Erkennung und Korrektur von Fehlern bei Datenübertragungen und beim Auslesen von Speichermedien beschäftigt, ist heute aus Technik, Wirtschaft und vor allem auch aus unserem Alltag nicht mehr wegzudenken. Denn ist es nicht eigentlich erstaunlich, dass die allgegenwärtigen BAR-Codes problemlos eingescannt werden können. Oder dass die Musikwiedergabe beim Abspielen handelsüblicher Audio-CDs höchsten Qualitätsansprüchen genügt. Oder dass das Digitalfernsehen über Kabel oder Satellit so brillant und störungsfrei auf unserem Bildschirm erscheint. Auch der weltweite Empfang von Handy-Gesprächen besitzt meist eine erstaunlich exzellente Qualität. Und ganz besonders überraschend ist doch, dass die Fotos von Planeten und Kometen, die von weitentfernten Raumsonden aufgenommen wurden, so gestochen scharf bei uns ankommen. Obwohl doch jede Datenübertragung, sei es manuell, über Leitung, drahtlos oder mittels Speichermedien, etlichen Störungsquellen unterworfen ist. So können Speichermedien auf ihrem Weg zum Empfänger beschädigt worden sein. Man kann sich dazu beispielsweise einen leicht beschmierten oder geknitterten BAR-Code vorstellen oder aber das Musterbeispiel schlechthin, nämlich Kratzer auf einer CD oder DVD. Auch beim Lesen einer zip-Archivdatei von einem USB-Speicherstick kann es bisweilen zu Problemen kommen. Bei leitungsbasierter und drahtloser Datenübertragung werden Störungen meist durch das über ein breites Frequenzband verteilte Hintergrundrauschen verursacht, sowie durch Überlagerungen benachbarter Sendefrequenzen. In Kupferkabeln stören zudem sporadische Spannungsimpulse, beim drahtlosen Funkverkehr wie beispielsweise beim Handy oder bei der GPS-Navigation kommt es bisweilen zu Teilabschottungen durch Metall. Aber auch ganz banal beim

O. Manz, *Den Fehlerteufel ausgetrickst*, essentials,
https://doi.org/10.1007/978-3-662-66297-7_1

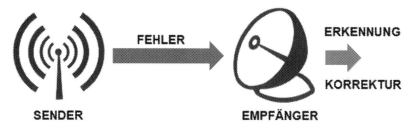

Abb. 1.1 Erkennung und Korrektur von Empfangsfehlern

manuellen Übertragen etwa von Nummern kann es leicht zu Abschreibefehlern kommen.

1.2   Eigentlich überflüssig, aber doch nicht unnötig

Aber fangen wir doch einmal ganz elementar an: Sieht man sich nämlich im Fernsehen die Nachrichten oder den Tatort an, oder besucht man im Theater ein Schauspiel, so versteht man jedes Wort, da die Moderatoren und die Schauspieler klar und deutlich sprechen. Dies ist auch dann noch der Fall, wenn die ein oder andere handelnde Person dramaturgisch mit Lokalkolorit ausgestattet ist, und daher mit einer Sprache, die kein astreines Hochdeutsch mehr ist. Man kann sich auch ganz gut mit Touristen unterhalten, für die Deutsch nicht die Muttersprache ist, die aber dennoch mehr oder weniger gut, also gebrochen Deutsch sprechen.

Dass dies der Fall ist, hängt an einer Eigenschaft, die jeder natürlichen Sprache anhaftet. Etwa zwei Drittel eines geschriebenen Textes ist nämlich zum reinen Verständnis eigentlich überflüssig. Man sagt, dass diese Information **redundant** ist. Machen wir uns dies an einigen Beispielen klar:

- Man kann einen Text selbst dann noch verstehen oder zumindest noch erraten, wenn alle Vokale fehlen:
  Hr sth ch nn, ch rmr Tr.
- Auch wenn jeder vierte Buchstabe des Alphabets fehlt, also D, H, L, P, T, X, ist ein Text immer noch weitgehend verständlich:
  er Vogefänger bin ic ja, ses usig eissa osasa.

Die Situation ändert sich aber dramatisch, wenn es sich nicht mehr um sinnvolle Texte handelt, sondern nur noch um Kennzeichen oder Nummern, wie z. B. eine

Telefonnummer, eine E-Mail-Adresse, eine Kontonummer oder etwa der verhandelte Preis eines neuen Autos. Wenn wir eine solche Information weitergeben, wiederholen wir sie möglicherweise mündlich oder schicken sie zusätzlich per E-Mail oder WhatsApp. Was wir also wirklich tun ist, wir blähen die eigentliche Information redundant auf, indem wir das einfachste Mittel hierzu wählen, nämlich sie zu wiederholen. Damit, so hoffen wir, vermeiden wir Falschinformationen beim Empfänger, denn er hat ja eine mindestens doppelte Kontrolle.

Mit dieser Beobachtung haben wir bereits die grundlegende Strategie von Fehlererkennungs- und Korrekturverfahren erfasst, nämlich die eigentliche Information um redundante Zusatzinformation zu ergänzen, um den Empfänger in die Lage zu versetzen, eventuelle Fehler bei einer Datenübertragung bzw. beim Auslesen eines Speichermediums zu erkennen bzw. zu korrigieren. Allerdings ist es sicherlich keine gute Idee, insbesondere bei umfangreicheren Informationen wie beispielsweise langen Texten oder Videos, die gesamte Information ein- oder gar zweimal zu wiederholen. Damit würde man nur das gesamte Datenvolumen unnötig aufblähen. Die redundante Zusatzinformation sollte also möglichst kurz und sparsam gewählt werden, aber andererseits auch von der gesamten, eigentlichen Information beeinflusst werden. Denn sonst könnten sich Fehler doch an den Stellen einschleichen, die unter dem Radar der redundanten Zusatzinformation hinwegtauchen.

Weiß man denn eigentlich, wieviele Fehler bei einer Datenübertragung oder beim Auslesen eines Speichermediums auftreten können? Nein, natürlich nicht, das kommt auf die Qualität des Übertragungswegs bzw. des Datenträgers an. Erwischt man gerade ein Rauschen im Telefon, dann versteht unser Gegenüber fast gar nichts. Auch ein total beschmierter BAR-Code ist weitgehend nutzlos. Verwendet man hingegen E-Mail und lässt den Text von einem Dritten zusätzlich vor dem Absenden Korrekturlesen, so ist die Fehlerrate eher gering.

Wir wollen im folgenden also etwas Licht ins Dunkel der Erkennung und Korrektur von Fehlern bei Datenübertragungen und beim Auslesen von Speichermedien bringen. Wer hierbei tiefer einsteigen möchte, der kann dies etwa tun mit dem Buch „Manz, O.: Fehlerkorrigierende Codes (Springer, 2017)", das unter anderem auch eine umfangreiche Liste an Literaturverweisen enthält.

Gefahr erkannt, Gefahr gebannt 2

2.1 Die Prüfziffer macht's

Um das Ganze nicht zu abstrakt werden zu lassen, wollen wir mit einfachen Beispielen beginnen und konzentrieren uns dabei zunächst einmal auf die Fehlererkennung bei Nummern und Kennzeichen. Dabei sollte man doch hoffen, dass beim Schreiben, Senden und Lesen normalerweise höchsten ein Fehler auftritt, vielleicht auch mal ein Zahlendreher an zwei benachbarten Stellen.

Als erster Versuch bietet sich doch folgendes Vorgehen an: Wir nehmen beispielsweise eine fünfstellige Zahl, also etwa n = 57389. Als redundante Zusatzinformation wählen wir diejenige Ziffer, die die Quersumme Q(n) = Q(57389) = 5 + 7 + 3 + 8 + 9 = 32 zur nächsten 10er-Zahl ergänzt. Wegen Q(n) + 8 = 32 + 8 = 40 ist dies die Ziffer p = 8. Man nennt p auch eine **Prüfziffer** und hängt sie an die Zahl n an, also np = 573898.

Wir stellen zunächst fest, dass p von allen Stellen von n abhängt. Das ist schon einmal gut. Kann man damit auch einen Fehler erkennen? Offenbar ja, denn wird etwa die mittlere Zahl 3 als 2 verstanden, so ergibt die neue Quersumme Q(57289) = 5 + 7 + 2 + 8 + 9 + 8 = 29, also keine 10er-Zahl, folglich muss ein Fehler vorliegen. Zahlendreher an zwei benachbarten Stellen kann man nicht feststellen, da die Quersumme dabei identisch bleibt.

2.2 Nummerierte EUROs

Kommen wir nun zu einem ersten Beispiel aus der Praxis. Bei EURO-Scheinen ist die Seriennummer gegen Schreib-, Übertragungs- und Lesefehler geschützt. Die Seriennummern beginnen mit zwei Buchstaben, gefolgt von einer 9-stelligen

© Der/die Autor(en), exklusiv lizenziert an Springer-Verlag GmbH, DE, ein Teil von Springer Nature 2022
O. Manz, *Den Fehlerteufel ausgetrickst*, essentials,
https://doi.org/10.1007/978-3-662-66297-7_2

Kennzahl und einer Prüfziffer, d. h. die Seriennummer ist 12-stellig. Die erste Stelle gibt dabei die Druckerei an, in der die Banknote hergestellt wurde, während der zweite Buchstabe zur Kennzeichnung der Banknote innerhalb der Ausgaben der Druckerei dient. Die folgenden neun Ziffern kennzeichnen die Banknote eindeutig innerhalb der Ausgabe einer Druckerei. Zur Berechnung der Prüfziffer ersetzt man die zwei Buchstaben durch ihre Position im Alphabet, d. h. A = 01, B = 02, ..., Z = 26. Dann bildet man die Quersumme der eigentlichen Nummer ohne die Prüfziffer, dividiert das Ergebnis durch 9 mit Rest und zieht diesen Rest von 7 ab. Ist der Rest der Division gleich 7, das Ergebnis also 0, so schreibt man als Prüfziffer 9, ist der Rest der Division gleich 8, das Ergebnis also -1, so schreibet man 8.

Wir formulieren das Ganze nochmals in anderen Worten und schreiben für die Seriennummer eines EURO-Scheins die 14-ziffrige Zahl $x_1 \ldots x_{12} \, x_{14}$, wobei $x_1 \, x_2 \, x_3 \, x_4$ den beiden Buchstaben am Anfang und x_{14} der Prüfziffer am Ende entsprechen. Dabei ist dann die Prüfziffer x_{14} größer als 0 und kleiner oder gleich 9 und $Q(x_1 \ldots x_{13} \, x_{14}) - 7 = x_1 + x_2 + \ldots + x_{13} + x_{14} - 7$ ist eine 9er-Zahl, also durch 9 teilbar.

Betrachten wir als Beispiel eine Banknote der deutschen Druckerei Giesecke & Devrient (Leipzig) mit der Seriennummer WB1132573176. Da W der Position 23 und B der Position 02 im Alphabet entspricht, ergibt die Quersumme $Q(WB1132573176) = 2 + 3 + 0 + 2 + 1 + 1 + 3 + 2 + 5 + 7 + 3 + 1 + 7 + 6 = 43$. Teilt man dies durch 9 mit Rest, so ergibt sich $Q(WB1132573176) : 9 = 43 : 9 = 4 \cdot 9 + 7$. Also ist der Rest bei Division durch 9 gleich 7 und die Quersumme unserer Seriennummer erfüllt die Prüfbedingung, dass also $Q(WB1132573176) - 7$ eine 9er-Zahl ist.

Beim Prüfverfahren wird *ein* Fehler an einer Ziffer sicher erkannt, jedoch nicht die Verwechslung von 0 mit 9. Bei Buchstaben mit gleicher Quersumme wie zum Beispiel B = 02 und K = 11 kann ein Fehler ebenfalls nicht erkannt werden. Eine Vertauschung benachbarter Ziffern oder Buchstaben bleibt in jedem Fall unentdeckt.

Was aber ist der Grund, durch die ungewöhnliche Zahl 9 zu dividieren, die Zahl 10 käme unserer Vorstellung doch eher entgegen? Der Grund hierfür ist, dass die Reste bei Division durch 9 einfach anhand der iterierte Quersumme bestimmt werden können und man damit die Seriennummer extrem einfach auf Gültigkeit überprüfen kann. Machen wir uns dies anhand unseres Beispiels klar. Die Quersumme lautet $Q(WB1132573176) = 43$, also iteriert $Q(Q(WB1132573176)) = 4 + 3 = 7$, und es ergibt sich der korrekte Rest 7.

2.3   Piepshow an der Supermarktkasse

Dreher benachbarter Ziffern und Buchstaben konnten wir bei unseren beiden
Beispielen nicht erkennen, da ja jede Stelle in der Quersumme „gleich gewichtet" vorkommt. Also sollte man an dieser Stellschraube noch etwas drehen. Wir
wollen hierfür das Prüfverfahren der Europäischen Artikelnummer vorstellen.

Die **Europäische Artikelnummer EAN** ist eine 13-stellige Zahl, die sich als
Ziffernfolge und zusätzlich als BAR-Code zum Einscannen auf Produktverpa-
ckungen befindet. Die ersten drei Ziffern beinhalten als Länderpräfix den Sitz
des Unternehmens (400–440 für Deutschland, 900–919 für Österreich), die Zif-
fern von Stelle 4 bis 7 (oder bis 8 oder bis 9) stehen für das Unternehmen und die
Ziffern von Stelle 8 (oder von 9 oder von 10) bis 12 stehen für den individuellen
Artikel des Unternehmens (letztere je nach Länge der Unternehmensnummer).
Die 13. Ziffer ist wieder eine Prüfzimmer.

Wenn an der Supermarktkasse ein solcher BAR-Code eingescannt wird, so
kann das Etikett möglicherweise verschmiert sein oder auch leicht geknittert.
Dabei könnte es etwa passieren, dass der Scanner statt einer Packung Kekse eine
Flasche Champagner erkennt, dessen Preis dann natürlich auch von der Kasse
registriert wird. Manchmal muss die Verkäuferin die EAN-Artikelnummer als
Ziffernfolge per Hand eintippen, da der BAR-Code auf dem Etikett überhaupt
nicht mehr lesbar ist. Auch hier sind Fehleingaben nicht auszuschließen. Um
solche Fehlregistrierungen zumindest weitgehend zu verhindern, ist die Prüfziffer
da. Beim Einlesen per Scanner oder auch bei Handeingabe verifiziert die Kasse
nämlich die Prüfbedingung der EAN und signalisiert die Korrektheit mit einem
hörbaren „Piep". Wie aber berechnet sich die Prüfziffer? Sie ergibt sich für eine
Artikelnummer $c_1 \ldots c_{13}$ aus der Bedingung, dass $c_1 + 3 \cdot c_2 + c_3 + 3 \cdot c_4 + \ldots$
$+ 3 \cdot c_{12} + c_{13}$ eine 10er-Zahl, also durch 10 dividierbar sein muss. In anderen
Worten bedeutet dies, dass die abwechselnd mit den Faktoren 1 und 3 gewichtete
Summe $c_1 + 3 \cdot c_2 + c_3 + 3 \cdot c_4 + \ldots c_{11} + 3 \cdot c_{12}$ aus der eigentlichen
Artikelnummer um die Prüfziffer c_{13} so ergänzt wird, dass die Summe eine 10er
Zahl, also durch 10 dividierbar ist. Betrachten wir hierzu ein Beispiel. Für die
EAN-Artikelnummer 4001686301265 von Gummibärchen ist $c_1 + 3 \cdot c_2 + c_3$
$+ \ldots + 3 \cdot c_{12} + c_{13} = 4 + 3 \cdot 0 + 0 + 3 \cdot 1 + 6 + 3 \cdot 8 + 6 + 3 \cdot 3 + 0$
$+ 3 \cdot 1 + 2 + 3 \cdot 6 + 5 = 4 + 3 + 6 + 24 + 6 + 9 + 3 + 2 + 18 + 5 =$
80, also durch 10 dividierbar. Somit lautet das Prüfergebnis der Kasse für diese
Ziffernfolge o.k.!

Was aber passiert, wenn der Scanner eine Ziffer falsch liest bzw. wenn eine
Ziffer falsch eingetippt wird? Um das zu verstehen, sei $c_1 \ldots c_{13}$ eine EAN-
Artikelnummer. Also gilt, dass 10 die Summe $c_1 + 3.c_2 + c_3 + \ldots + 3.c_{12} +$

c_{13} teilt. Angenommen, ein Fehler an der 2. Stelle würde von der Kasse nicht erkannt. Dann stünde dort zwar ein anderes d_2 anstelle von c_2, aber es würde auch gelten, dass $c_1 + 3.d_2 + c_3 + \ldots + 3.c_{12} + c_{13}$ eine 10er-Zahl ist. Dann aber müsste 10 auch die Differenz und somit $3 \cdot (d_2 - c_2)$ teilen. Da $10 = 2 \cdot 5$ und 3 teilerfremd sind, würde daraus folgen, dass 10 auch $d_2 - c_2$ teilt. Da aber $d_2 - c_2$ größer als -10 und kleiner als 10 ist, kann das gar nicht gehen. Dieses Argument zeigt, dass ein einzelner Fehler nie unerkannt bleibt. Also bleibt der Piepton an der Kasse aus, wenn eine Ziffer falsch gelesen oder eingetippt wurde.

Mehr als *einen* Fehler erkennt man mit der EAN-Prüfziffer jedoch nicht in jedem Fall. Das heißt aber nicht, dass der EAN-Prüfmechanismus zwei falsche Positionen nie erkennen würde. Man kann sich dabei aber eben nicht zu 100 % sicher sein.

Das Verfahren kann übrigens auch in den meisten Fällen Zahlendreher an zwei benachbarten Ziffern c_i und c_{i+1} erkennen. Andernfalls müsste nämlich wiederum mit dem obigen Argument auch die Differenz $c_i + 3 \cdot c_{i+1} = c_{i+1} + 3 \cdot c_i$ durch 10 teilbar sein, und 10 müsste daher $2 \cdot (c_i - c_{i+1})$ teilen. Das geht aber nur, wenn $c_i - c_{i+1}$ gleich 5 oder -5 ist.

2.4   Ein Zahlenwurm namens Kontonummer

Wer hat sich noch nicht bei der neuen Kontonummer IBAN verschrieben, vertippt oder hat sie schlichtweg von einer Rechnung falsch abgelesen. Die **IBAN (International Bank Account Number)** ist eine international standardisierte Notation für Bankkontonummern. Sie wurde entwickelt, um den Zahlungsverkehr der einzelnen Länder einheitlicher zu gestalten. Sie setzt sich zusammen aus einem 2-stelligen Ländercode (bestehend aus Buchstaben), einer 2-stelligen Prüfzahl (bestehend aus Ziffern) und aus einer maximal 30-stelligen Kontoidentifikation (bestehend aus Buchstaben oder Ziffern). Die Struktur der Kontoidentifikation ist länderspezifisch und daher durch den Ländercode eindeutig vorgegeben. In Deutschland wird DE als Ländercode genutzt, und die Kontoidentifikation besteht aus 18 Ziffern, zusammengesetzt aus 8 Ziffern für die alte Bankleitzahl und 10 Ziffern für die alte individuelle Kontonummer.

Auch die IBAN wird also durch ein Prüfverfahren vor eventuellen Schreib-, Übertragungs- und Lesefehlern geschützt. Hierzu werden die beiden Prüfziffern verwendet. Wir erläutern das Verfahren am Beispiel der IBAN

D E 3 5 5 5 0 9 1 2 0 0 0 0 0 0 0 1 5 6 1 0.

Man schiebe dabei zuerst die ersten vier Stellen an das Ende der IBAN, also

5 5 0 9 1 2 0 0 0 0 0 0 0 1 5 6 1 0 **D E 3 5**.

Nun ersetze man die Buchstaben durch Ziffern gemäß der Regel A = 10, B = 11, ..., Z = 35, also

5 5 5 0 9 1 2 0 0 0 0 0 0 0 1 5 6 1 0 *1 3 1 4* 3 5.

Letztlich dividiere man diese natürliche Zahl durch 97. Falls der Rest der Division gleich 1 ist, so lautet das Urteil der Prüfung o.k.! Dies ist bei unserem Beispiel der Fall, wie man gerne nachrechnen möge, und somit ist unsere IBAN gemäß Prüfverfahren als korrekt anzusehen. Die beiden Prüfziffern 3 und 5 wurden also so bestimmt, dass die Division durch 97 den Rest 1 ergibt.

Bei der IBAN-Prüfung sind wie auch beim EAN-Prüfmechanismus die einzelnen Ziffern gewichtet. Bei einer natürliche Zahl liefert nämlich die jeweilige 10er-Stelle, also die jeweils zugehörige 10er-Potenz, automatisch eine Gewichtung. Das IBAN-Prüfverfahren ist damit weit komplexer als das der EAN.

Wir wollen uns nun klar machen, dass man mit den IBAN-Prüfziffern einen Fehler sicher erkennen kann. Dazu muss man zunächst berücksichtigen, dass es sich bei einem Fehler wegen der Konvertierung der Buchstaben um bis zu zwei benachbarte falsche Ziffern bei der in der Prüfroutine verwendeten natürlichen Zahl handeln kann. Es mögen sich also die beiden für die IBAN-Prüfung verwendeten natürlichen Zahlen, eine korrekte und eine inkorrekte, um $a \cdot 10^m + b \cdot 10^{m+1} = 10^m \cdot (a + 10 \cdot b)$ unterscheiden. Würde der Fehler nicht erkannt, so würde sich für beide natürlichen Zahlen bei Division durch 97 der Rest 1 ergeben. Daher müsste 97 die Differenz der beiden Zahlen und damit auch $a + 10 \cdot b$ teilen. Das geht jedoch nur, wenn $a = 7$ und $b = 9$ oder $a = -7$ und $b = -9$ ist. Dies entspricht aber weder einem 1-stelligen Ziffernfehler noch einem 2-stelligen Buchstabenfehler.

Mit den IBAN-Prüfziffern kann also beim Einscannen eines Überweisungsformulars oder beim Online-Banking *ein* Fehler sicher erkannt werden. Das heißt auch hier nicht, dass man zwei oder auch mehrere falsche Stellen nie erkennen kann. Man kann sich aber eben nicht zu 100 % sicher dabei sein. Man kann sich übrigens auch davon vergewissern, dass mit dem IBAN-Prüfmechanismus ein Zahlendreher zweier benachbarter Ziffern erkannt wird.

Digital gecheckt

3

3.1 Von Bits und Bytes

In Kap. 2 waren unsere Informationsinhalte konkret Nummern und Kennzeichen, in Kap. 1 haben wir aber auch von Texten, Musik und Videos gesprochen. Heutzutage werden solche Daten in der Regel **digital** übertragen bzw. gespeichert, auch wenn man hierzu zunächst ein Formular oder eine Banküberweisung händisch ausfüllen muss. Dabei werden die Daten nach einem vorgegebenen Muster in einen langen String bestehend aus den **Bits** 0 und 1 überführt, also etwa in die Form ... 0 0 1 1 0 1 0 1 1 0 1 0 0 1 1 1 0 0 1 1 0 ... gebracht. Unter **Digitalisierung** versteht man nichts anderes als diese Umwandlung von abstrakter Information in einen String aus Bits.

Bei Texten beispielsweise, die aus Buchstaben, Ziffern und Sonderzeichen bestehen, wird jedes einzelne Zeichen durch unterschiedliche, aber gleichlange Blöcke aus Bits dargestellt und das Ganze als lange Bit-Folge zum Gesamttext zusammengefügt. Fotos und Grafiken dagegen zerlegt man zunächst in ihre einzelnen Bildpunkte (**Pixel**), verwendet für die Helligkeitswerte der drei Grundfarben unterschiedliche, aber gleichlange Blöcke aus Bits und bildet auf diese Weise aus allen Pixeln eine lange Bit-Folge für das gesamte Foto bzw. die gesamte Grafik.

Die Verwendung von Bits hat neben der Vereinheitlichung der Darstellung von Information einen weiteren, ganz entscheidenden Vorteil, insbesondere für Computer-gestützte Verarbeitung: Man kann mit Bits sehr leicht rechnen. Abb. 3.1 zeigt deren Additions- und Multiplikationstafeln.

In Formeln heißt das: $0 + 0 = 1 + 1 = 0$ und $0 + 1 = 1 + 0 = 1$, sowie $0 \cdot 0 = 0 \cdot 1 = 1 \cdot 0 = 0$ und $1 \cdot 1 = 1$.

O. Manz, *Den Fehlerteufel ausgetrickst*, essentials,
https://doi.org/10.1007/978-3-662-66297-7_3

+	0	1		·	0	1
0	0	1		0	0	0
1	1	0		1	0	1

Abb. 3.1 Additions- und Multiplikationstafeln für Bits

Eine Blocklänge von Bits hat sich in der Vergangenheit als besonders brauchbar erwiesen, nämlich die Länge 8, mit der man also bis zu $2^8 = 256$ verschiedene Zeichen bzw. Werte darstellen kann. Man nennt einen Block aus 8 Bits ein **Byte,** also beispielsweise 0 1 0 0 1 1 0 1. Dabei ist die Darstellung von Zeichen, der Helligkeit von Pixel sowie von anderen Werten nicht grundsätzlich auf ein Byte und damit auf $2^8 = 256$ verschiedene Bitmuster beschränkt, sondern es können auch mehr als 8 Bits, und dann meist auch gleich mehrere Bytes verwendet werden.

3.2   Gescannte Artikel

Mit unserem neuen Verständnis insbesondere von Bits wollen uns jetzt noch ergänzend die Digitalisierung der EAN-Artikelnummer als **BAR-Code,** genauer gesagt als **Strich-Code** anschauen. Dieser besteht aus 95 gleich breiten, nebeneinander angeordneten Strichen, wobei ein schwarzer Strich für das Bit 1 und ein weißer Strich für das Bit 0 steht. Diese 95 Striche gliedern sich von links nach rechts wie folgt:

- 1 0 1 als Randzeichen (Beginn des Codes)
- 6 mal 7 Striche, die jeweils für eine Ziffer zwischen 0 und 9 stehen
- 0 1 0 1 0 als Trennzeichen (Mitte des Codes)
- 6 mal 7 Striche, die jeweils für eine Ziffer zwischen 0 und 9 stehen
- 1 0 1 als Randzeichen (Ende des Codes)

Die Digitalisierung der Ziffern in 7 Bits ist sehr ausgeklügelt gewählt. So werden die Ziffern der linken Hälfte und die der rechten Hälfte unterschiedlich digitalisiert. In der linken Hälfte gibt es zusätzlich für ein- und dieselbe Ziffer sogar zwei unterschiedliche Bit-Muster, die entsprechend der Anzahl der 1-Bits gerade bzw.

Abb. 3.2 EAN und
BAR-Code des Buches
„Manz,O.:
Fehlerkorrigierende Codes
(Springer, 2017)"

ungerade genannt werden und die eine weitere Information enthalten. Wer mitge-zählt hat, stellt nämlich fest, dass die obige Beschreibung bis jetzt nur 12 Ziffern enthält, wir brauchen für EAN aber 13. Die Konstellation, mit der in der linken Hälfte die Ziffern als gerade oder ungerade digitalisiert sind, legt nämlich die füh-rende Ziffer in der EAN-Artikelnummer fest. Auf die Erläuterung weiterer Details wollen wir hier jedoch verzichten. Abb. 3.2 zeigt eine EAN-Artikelnummer als BAR-Code.

3.3   Ihre Meinung bitte

Stellen wir uns doch nun einmal vor, das Studiopublikum einer Live-Diskussion wird um seine Meinung gebeten. Die Antwortmöglichkeiten seien dabei „Ja", „Nein", „Vielleicht" und „Weiß nicht". Die Auswahl erfolgt dabei über Tasten am Platz des Zuschauers und das Ergebnis der Umfrage wird dem Moderator digital übermittelt und mit einem Balkendiagramm angezeigt. Hierzu müssen wir also zunächst die Antwortmöglichkeiten digitalisieren, nämlich etwa so:

- „Ja"   1 0
- „Nein"   0 1
- „Vielleicht"   1 1
- „Weiß nicht"   0 0

Das Ergebnis der Umfrage soll dem Moderator natürlich trotz möglicher Stö-rungen bei der Datenübertragung unverfälscht übermittelt werden. Wir erweitern daher unsere digitalisierten Antworten jeweils um ein Prüf-Bit dergestalt, dass die Anzahl der 1-Bits gerade wird, also

- 1 0 → 1 0 1
- 0 1 → 0 1 1

- $1\ 1 \rightarrow 1\ 1\ 0$
- $0\ 0 \rightarrow 0\ 0\ 0$

Mithilfe unserer Addition von Bits kann man das Bildungsgesetz auch allgemein ausdrücken durch die Zuordnung

$$a_1\ a_2 \rightarrow a_1\ a_2\ a_1 + a_2.$$

In Worten bedeutet dies, dass das Prüf-Bit die Summe der beiden anderen Bits ist oder auch, dass die Summe über alle drei Bits mithilfe des Prüf-Bits zu 0 gemacht wird. Wir wollen uns überlegen, dass man damit *einen* Fehler erkennen kann. Ändert sich nämlich bei der Datenübertragung *ein* Bit, so wird die Anzahl der 1-Bits ungerade und auch die Summe über alle drei Bits wird zu 1. Erkennt der Übertragungsrechner also auf diese Weise einen Fehler, so wirft er die Antwort als ungültig aus der Auswertung der Meinungsumfrage.

Das Verfahren ist leider nicht ganz befriedigend, da unser Vorgehen dann ja möglicherweise nicht alle Antworten der Meinungsumfrage beim Ergebnis berücksichtigt. Wie man es dem Rechner aber sogar ermöglicht, einen Übertragungsfehler selbstständig zu korrigieren und daher die Antwort als gültig mitzuverwenden, sehen wir in Abschn. 4.1.

3.4 Geprüfte Parität

Wie wir bereits wissen, bestehen Informationseinheiten wie Buchstaben, Helligkeitswerte von Pixel etc. nicht nur aus zwei Bits wie in unserem kleinen Beispiel, sondern häufig aus einem Byte oder sogar aus mehreren Bytes. Auf diese Situation hin lässt sich unser Beispiel jedoch leicht verallgemeinern. Man hängt dann nämlich an den gesamten Bit-Block die Summe aller darin enthaltenen Bits als Prüf-Bit an. Formal bedeutet das

$$a_1 \ldots a_k \rightarrow a_1 \ldots a_k a_1 + \ldots + a_k.$$

Man kann das Vorgehen auch wieder so ausdrücken, dass mit dem Prüf-Bit die Anzahl der 1-Bits gerade wird oder äquivalent dazu, dass man damit die Summe über alle Bits zu 0 macht. Man spricht daher auch von einem **Paritätsprüf-Bit,** das für die eigentliche Information redundant ist. Erhält ein Empfänger einen solchen Bit-String mit k + 1 Bits, so überprüft er die Parität, also die Anzahl der 1-Bits. Ist die Parität des empfangenen Strings ungerade, oder äquivalent dazu, ist die Summe über alle Bits gleich 1, so weiß der Empfänger, dass bei der Übertragung der Information mindestens ein Fehler aufgetreten ist. Weiß er auch wie viele Fehler? Nein, denn es könnte nur ein Bit falsch sein, aber auch 3, 5, 7..., also jede ungerade Anzahl. Was weiß er, wenn die Parität gerade ist? Eigentlich gar nichts. Denn die Nachricht könnte korrekt sein (also 0 Fehler) oder es könnten auch 2, 4, 6... Fehler aufgetreten sein, also jede gerade Anzahl. Wenn wir also wissen, dass die Qualität der Datenübertragung so gut ist, dass üblicherweise höchsten *ein* Fehler auftreten kann, so wird ein solcher mit dem Paritätsprüf-Bit sicher erkannt. Werden jedoch bei schlechter Übertragungsqualität in der Regel mehrere Bits verändert, so ist das Verfahren weitgehend nutzlos. Wünschenswert wäre also ein ähnliches Vorgehen, bei dem jedoch mehrere Fehler sicher erkannt werden können. Um dies zu verstehen, müssen wir aber etwas ausholen.

3.5   Eine seltsame Art von Polynomen

Wenn man sich Computer-gestützte Verfahren jeglicher Art ausdenkt, dann ist es immer eine gute Idee, diese auf Strukturen aufzubauen, mit denen man gut rechnen kann. Mit Bits beispielsweise kann man, wie wir bereits wissen, sogar sehr gut rechnen, man kann sie auf einfache Weise addieren und multiplizieren. Als nächsten Schritt benötigen wir etwas komplexere Strukturen, nämlich Polynome über Bits. Ein solches **Polynom** hat dabei die Form

$$f(x) = b_n \cdot x^n + b_{n-1} \cdot x^{n-1} + \ldots + b_2 \cdot x^2 + b_1 \cdot x + b_0$$

mit **Koeffizienten** b_i gleich 0 oder 1, mit einer natürlichen Zahl n und einer **Unbestimmten** x. Aus der Schule kennt man möglicherweise Polynome auch als **ganz rationale Funktionen** mit Koeffizienten aus den reellen Zahlen $\mathbb{R}$. Bei einem Polynom f(x) über Bits tritt also der Summand x^i entweder auf, wenn nämlich $b_i = 1$ ist, oder er entfällt ganz, wenn nämlich $b_i = 0$ ist. Man nutzt darüber hinaus die Konvention, den Summanden mit der höchsten x-Potenz x^n nur dann hinzuschreiben, wenn er auch wirklich vorkommt, das heißt wenn $b_n = 1$ ist. Man nennt dann n den **Grad** des Polynoms f(x). Hier sind zur besseren Vorstellung einige Beispiele solcher Polynome:

- $f(x) = x^{16} + x^{15} + x^2 + 1$
- $f(x) = x^{16} + x^{12} + x^5 + 1$

- $f(x) = x^{24} + x^{23} + x^{18} + x^{17} + x^{14} + x^{11} + x^{10} + x^7 + x^6 + x^5 + x^4 + x^3 + x + 1$
- $f(x) = x^{32} + x^{26} + x^{23} + x^{22} + x^{16} + x^{12} + x^{11} + x^{10} + x^8 + x^7 + x^5 + x^4 + x^2 + x + 1$

Besonders wichtig ist noch zu wissen, dass man auch Polynome addieren und multiplizieren kann. Das Addieren erfolgt einzeln für jede x-Potenz, wobei $x^i + x^i = 0 \cdot x^i = 0$ gilt. Hingegen multipliziert man Polynome, indem man jede x-Potenz des einen Polynoms mit jeder x-Potenz des anderen Polynoms multipliziert und das Ganze wieder aufaddiert. Dies entspricht dem distributiven Ausmultiplizieren von „normalen" Zahlen. Machen wir uns dies anhand eines einfachen Beispiels klar, und zwar für die Polynome $f(x) = x^4 + x + 1$ und $g(x) = x^2 + x$. Es gilt nämlich

- $f(x) + g(x) = (x^4 + x + 1) + (x^2 + x) = x^4 + x^2 + (x + x) + 1 = x^4 + x^2 + 1$ und
- $f(x) \cdot g(x) = (x^4 + x + 1) \cdot (x^2 + x) = x^6 + x^5 + x^3 + (x^2 + x^2) + x = x^6 + x^5 + x^3 + x.$

3.6   Warum einfach, wenn's auch kompliziert geht

Wir nutzen gleich mal das, was wir über Polynome gelernt haben, und kommen dabei nochmals auf unsere Paritätsprüfung zurück. Hierzu schreiben wir unseren Bit-Block aus k Bits, der die eigentliche Information beinhaltet, mal in umgekehrter Reihenfolge als $a_k \ldots a_1$. Das Paritätsprüf-Bit a_0 berechnet sich dann als Summe $a_0 = a_k + \ldots + a_1$ und wird an den ursprünglichen Bit-Block angehängt. Also ergibt sich $a_k \ldots a_1\, a_0$ und aus der Additionsregel für Bits folgt $a_k + \ldots + a_1 + a_0 = 0$. Identifizieren wir nun den Bit-String $a_k \ldots a_1\, a_0$ mit den Koeffizienten eines Polynoms f(x), so kann man dieses schreiben als $f(x) = a_k \cdot x^k + \ldots + a_1 \cdot x + a_0$. Setzen wir hier das Bit 1 für die Unbestimmte x ein, so ergibt sich $f(1) = a_k + \ldots + a_1 + a_0 = 0$. Man sagt, dass f(x) die **Nullstelle** 1 hat. Dann weiß man aber, wie dies übrigens auch für ganz rationale Funktionen mit Koeffizienten aus den reellen Zahlen $\mathbb{R}$ gilt, dass sich das Polynom f(x) schreiben lassen muss als $f(x) = (x + 1) \cdot q(x)$ mit einem weiteren Polynom q(x).

Diese kleine Überlegung legt doch zumindest eines nahe: Man kann ja auch umgekehrt die Koeffizienten eines vorgegebenen Polynoms $f(x) = b_n \cdot x^n + b_{n-1} \cdot x^{n-1} + \ldots + b_2 \cdot x^2 + b_1 \cdot x + b_0$ als Bit-String $b_n \ldots b_1\, b_0$ interpretieren.

Dabei könnte man sich doch vorstellen, als Faktor in f(x) anstelle des einfachen Polynoms g(x) = x + 1 auch kompliziertere Polynome g(x) zu verwenden, für die also f(x) = g(x) · q(x) mit einem weiteren Polynom q(x) gilt.

3.7 Zyklisch gecheckt mit CRC

Jetzt wird man sich sicher fragen: Hübsche mathematische Taschenspielerei, aber was hat das mit der Realität zu tun? Die Antwort ist: Sehr viel, denn genau das ist die entscheidende Idee, wie man in der Praxis wirklich vorgeht, wenn es um Fehlererkennung geht. Man nennt das Verfahren **CRC Cyclic Redundancy Check.** Es wurde 1961 von **Wesley Peterson** vorgeschlagen.

Das Verfahren geht konkret wie folgt: Man wählt ein festes **CRC-Polynom** g(x) von einem Grad m. Dann interpretiert man die Blöcke aus den k Informations-Bits als Koeffizienten eines Polynoms i(x) und multipliziert dieses mit x^m. Dann dividiert man das Polynom i(x) · x^m durch g(x) mit Rest, berechnet also Polynome q(x) und ein Restpolynom r(x), dessen Grad kleiner als m ist, und erhält so die Gleichung i(x) · x^m = g(x) · q(x) + r(x). Wir wollen hier diese Division mit Rest, die übrigens analog zu der von natürlichen Zahlen funktioniert, nicht weiter vertiefen, vermerken aber explizit, dass sie sich mit elektronischen Schaltelementen extrem schnell und effizient programmieren lässt. Der Sender überträgt bzw. speichert dann die Koeffizienten des Polynoms i(x) · x^m + r(x) = g(x) · q(x), wobei die Koeffizienten von i(x) · x^m den k Informations-Bits entsprechen und die von r(x) den m redundanten **CRC-Prüf-Bits.**

Der Empfänger prüft auf Dividierbarkeit des empfangenen bzw. ausgelesenen Bit-Blocks durch das CRC-Polynom g(x), ob sich also dieser Bit-Block, aufgefasst als Polynom, schreiben lässt als g(x) · q(x) mit einem Polynom q(x). Geht die Division nicht auf, so weiß der Empfänger, dass unterwegs bzw. beim Speichermedium Fehler aufgetreten sein müssen. Je nach Anwendung fordert der Empfänger dann entweder eine Sendewiederholung an oder verwirft den fehlerhaften Bit-Block. Falls möglich, interpoliert er im letzteren Fall die fehlende Information auf Basis von Vorgänger- und Nachfolgedaten. Geht die Division dagegen auf, so verwendet der Empfänger die ersten k Bits als Information und verwirft die restlich m Bits als redundante CRC-Prüf-Bits.

Machen wir uns das Ganze anhand des Informationsblocks 1 0 1 aus k = 3 Bits und dem CRC-Polynom g(x) = x^2 + x + 1 vom Grad m = 2 klar. Hierbei werden also zwei redundante CRC-Prüf-Bits bestimmt. Dafür bildet man zunächst zu 1 0 1 das zugehörige Polynom i(x) = x^2 + 1, berechnet i(x) · x^m = (x^2 + 1) · x^2 = x^4 + x^2 und dividiert dieses Polynom durch g(x) mit Rest. Diese

Rechnung ergibt, wie man durch Ausmultiplizieren nachprüfen kann, $i(x) \cdot x^m = x^4 + x^2 = (x^2 + x + 1) \cdot (x^2 + x + 1) + 1 = g(x) \cdot q(x) + r(x)$, also $r(x) = 1$. Die beiden redundanden CRC-Prüf-Bits zu 1 0 1 liest man am Polynom $r(x) = 1$ ab, nämlich 0 1, und sendet somit die Sequenz 1 0 1 0 1.

3.8   CRC im Realitätscheck

Wir haben in Abschn. 3.5 nicht umsonst die vier dort genannten Polynome als Beispiele angegeben. Es handelt sich dabei nämlich um standardisierte CRC-Polynome, die unter den Namen **CRC-16-IBM, CRC-16-CCITT, CRC-24-Q** und **CRC-32** gebräuchlich sind. Mit ihrer Hilfe kann man also Informationsblöcke von einem oder mehreren Bytes um jeweils 16, 16, 24 bzw. 32 redundante Prüf-Bits erweitern. Das Polynom CRC-16-IBM beispielsweise wurde ursprünglich für IBM- Netzwerkprotokolle entwickelt. Es wird mittlerweile auch verwendet bei der Standardschnittstelle USB, mit der man Rechner mit externen Geräten wie Drucker, Maus oder externe Speicher verbinden kann, sowie in der Prozessleittechnik. Das Polynom CRC-16-CCITT wird unter anderem eingesetzt bei der Funkschnittstelle Bluetooth und bei Speicherchips in Digitalkameras und MP3-Playern. Das Polynom CRC-24-Q findet Anwendung im Programm **PGP (Pretty Good Privacy),** mit dem man E-Mails verschlüsseln und authentifizieren kann, sowie bei der Satellitennavigation. CRC-32 schließlich wird verwendet beim **LAN (Local Area Network),** beim drahtlosen **WLAN (Wireless Local Area Network)** sowie beim Dateiarchiv **zip,** mit dem Daten komprimiert und verschlüsselt werden können.

3.9   Bursts unter Kontrolle

Man spricht von einem **Burst** der Länge b, wenn sich die Fehler meist gehäuft an maximal b aufeinander folgenden Stellen in einem empfangenen bzw. ausgelesenen Bit-Block einschleichen. Bursts treten in der Praxis häufig auf, z. B. bei Impulsstörungen im Kabel oder in Abschattungen bei drahtloser Funkübertragung. CRC-Verfahren sind insbesondere dafür ausgelegt, solche zu erkennen. Hat nämlich das CRC-Polynom $g(x)$ den Grad m und den Summanden 1, so kann man mit dem Verfahren Bursts bis maximal der Länge m sicher erkennen. In unseren vier Beispielen fallen also Bursts der Länge 16, 16, 24 bzw. 32 sicher als Fehler auf.

Dies kann man sich auch recht leicht klar machen. Wird nämlich bei einem CRC-Verfahren ein Bit-Block gesendet, der ja den Koeffizienten von $i(x) \cdot x^m + r(x) = g(x) \cdot q(x)$ entspricht, so weiß man jedenfalls, dass dieses Polynom durch das CRC-Polynom $g(x)$ teilbar ist. Wird aber statt dessen $i(x) \cdot x^m + r(x) + e(x)$ empfangen mit einem Fehlerpolynom $e(x)$, so darf $e(x)$ beginnend mit dem kleinsten Summanden höchsten m Summanden in Folge besitzen, da ja nach Voraussetzung die Fehler innerhalb eines Bursts der Länge höchsten m auftreten sollen. Also kann man $e(x)$ schreiben als $e(x) = a_{n+m-1} \cdot x^{n+m-1} + a_{n+m-2} \cdot x^{n+m-2} + \ldots + a_n \cdot x^n = x^n \cdot (a_{n+m-1} \cdot x^{m-1} + \ldots + a_n)$ mit Bits a_j für ein geeignetes n. Würde der Burst nicht erkannt werden, so wäre $g(x)$ ein Teiler der empfangenen Bit-Folge $i(x) \cdot x^m + r(x) + e(x)$ und damit auch von $e(x)$. Da aber $g(x)$ wegen des Summanden 1 die Unbestimmte x nicht als Faktor enthält, müsste $g(x)$ das Polynom $a_{n+m-1} \cdot x^{m-1} + \ldots + a_n$ teilen. Das geht aber nicht, da dessen Grad kleiner oder gleich m − 1 und damit kleiner als der Grad m von $g(x)$ ist.

CRC-Verfahren erkennen aber auch in vielen Fällen Bursts größerer Länge und verstreute Fehler.

Fehler strengstens verboten

4

4.1 Wiederholen schadet nicht, oder etwa doch?

Wie versprochen kommen wir nochmals auf unsere Meinungsumfrage aus Abschn. 3.3 zurück. Bei dem dort beschriebenen Verfahren mit Paritätsprüf-Bit konnte der Rechner nur feststellen, dass ein Fehler auftrat, diesen jedoch nicht selbständig korrigieren. Wie aber wär's damit: Wir wiederholen die Blöcke aus zwei Bits noch zwei weitere Male. Formal aufgeschrieben bedeutet das

- $0\ 0 \rightarrow 0\ 0\ 0\ 0\ 0\ 0$
- $0\ 1 \rightarrow 0\ 1\ 0\ 1\ 0\ 1$
- $1\ 0 \rightarrow 1\ 0\ 1\ 0\ 1\ 0$
- $1\ 1 \rightarrow 1\ 1\ 1\ 1\ 1\ 1$

oder eben allgemein

$$a_1\ a_2 \rightarrow a_1\ a_2\ a_1\ a_2\ a_1\ a_2.$$

Tritt hier bei der Datenübertragung ein Fehler auf, so unterscheidet sich genau einer der drei ursprünglich gleichen Blöcke aus jeweils zwei Bits von den beiden anderen. Der Rechner kann daher davon ausgehen, dass die beiden identischen Blöcke die korrekte Information beinhalten und den Fehler somit selbständig korrigieren. Die bessere Eigenschaft bei der Fehlerbehandlung haben wir aber leider mit deutlich größerer, nämlich vierfacher Redundanz gegenüber der Paritätsprüfung erkauft. Bei Datenübertragung führt dies zu einer geringeren Übertragungsrate, bei Datenspeicherung zu größerem Speicherbedarf.

© Der/die Autor(en), exklusiv lizenziert an Springer-Verlag GmbH, DE, ein Teil von Springer Nature 2022
O. Manz, *Den Fehlerteufel ausgetrickst*, essentials,
https://doi.org/10.1007/978-3-662-66297-7_4

Man kann unser Beispiel leicht dahingehend verallgemeinern, dass man einen Informationsblock aus k Bits insgesamt n-mal wiederholt. Formal bedeutet dies

$$a_1 \ldots a_k \rightarrow a_1 \ldots a_k \ldots_n \ldots a_1 \ldots a_k.$$

Ist dabei n ungerade, dann sind damit bis zu $(n-1)/2$ Übertragungs- bzw. Auslesefehler vom Empfänger selbständig korrigierbar, da dann noch mindestens $(n + 1)/2$ der n Informationsblöcke, also mehr als die Hälfte, identisch sein müssen. Man erkauft sich aber die Güte beim Fehlerkorrekturverhalten mit enorm großer Redundanz, sodass solche Verfahren für große Informationsinhalte ungeeignet sind. Geht das aber etwa besser?

4.2   Wie alles begann

Richard Hamming arbeitete Ende der 1940er Jahre am Forschungsinstitut Bell Labs in USA. Man programmierte damals noch mit Lochkarten, die in einen Großrechner eingelesen wurden. Die Lochkarten nutzten sich jedoch mit der Zeit ab, was dazu führte, dass der Einlesevorgang hie und da an einer fehlerhaften Lochkarte stoppte. Solche Probleme konnten jedoch leicht von einem Operator der Bell Labs behoben werden. Allerdings arbeitete Hamming oft außerhalb der Bürozeiten, sodass die sporadisch auftretenden Einlesefehler nicht unmittelbar korrigiert werden konnten. Von dieser Situation und dem daraus resultierenden Mehraufwand nicht gerade begeistert, kam Hamming auf die Idee, ein Verfahren zu entwickeln, mithilfe dessen der Rechner die Lesefehler bei Lochkarten in bestimmtem Umfang selbständig korrigieren konnte.

Hamming veröffentlichte seine Ergebnisse 1950. Neben der Beschreibung seines Verfahrens hat Hamming in seiner Publikation auch wesentliche Begriffe geprägt, so zum Beispiel den Namen der Disziplin **Codierungstheorie,** die sich – wie wir ja bereits wissen – um die Erkennung und Korrektur von Empfangs- und Auslesefehlern bei digitaler Datenübertragung und -speicherung kümmert. Er nennt eine Menge von Bit-Blöcken einer fester Länge n, welche redundante Informationen enthalten, einen **Code** der **Länge** n. Die Elemente eines Codes bezeichnet er als **Codewörter.** Man stellt sich dabei vor, dass ein Sender Informationsblöcke aus k Bits an einen Empfänger übermitteln oder speichern will, die er mithilfe eines Codes einer selbst gewählten, größeren Länge n absichert. Der Empfänger bzw. das Auslesegerät akzeptiert einen Bit-Block der Länge n nur, wenn es sich dabei wirklich um ein Codewort handelt. Hamming spricht vom **Minimalabstand** d eines Codes, wenn sich zwei verschiedene Codewörter stets an mindestens d Stellen, aber nicht mehr unbedingt an d + 1 Stellen unterscheiden.

Ist also f kleiner als der Minimalabstand d, dann können mit diesem Code bis zu f Übertragungs- bzw. Auslesefehler je Codewort erkannt werden. Denn bis zu f Fehler können dann nie zu einem anderen Codewort führen.

Ist sogar $2 \cdot$ e kleiner als der Minimalabstand d, dann können mit diesem Code bis zu e Übertragungs- bzw. Auslesefehler je Codewort automatisch korrigiert werden. Denn bei bis zu e Fehlern gibt es nur ein einziges Codewort, dass sich an höchstens e Stellen unterscheidet, die anderen unterscheiden sich an mindestens e + 1 Stellen.

Der Begriff Code ist zugegebenermaßen ein wenig irreführend, da man auch bei der Verschlüsselung von Information bisweilen von Codierung spricht und da der Begriff auch beispielsweise bei der Visualisierung von Informationen als BAR-Code verwendet wird.

4.3 Hammings kleiner Coup...

Hammings Fehlerkorrekturverfahren soll zunächst am Beispiel des kleinen Hamming-Codes erläutert werden. Der gesamte Bit-Strom der zu übertragenden Information wird dabei in Blöcke von vier Bits paketiert und jeder der Blöcke um drei redundante Bits erweitert. Das „Wie", also die konkrete Vorgehensweise, ist in einem Kreisdiagramm gemäß Abb. 4.1 versteckt.

Seien dazu a_1 a_2 a_3 a_4 ein Block aus vier Informations-Bits und b_1, b_2, b_3 die drei zu bestimmenden redundanten Bits. Dann sind diese so zu wählen, dass die

Abb. 4.1 Kreisdiagramm für den kleinen Hamming-Code

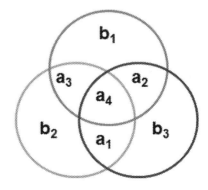

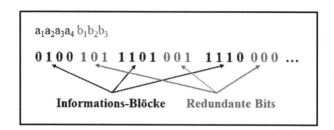

Abb. 4.2 Beispiel für die Konstruktion des kleinen Hamming-Codes

Anzahl der 1-Bits in jedem Kreis des Diagramms gerade ist. Der Schaukasten gemäß Abb. 4.2 zeigt ein Beispiel zum Nachrechnen.

Der Code enthält also $2^4 = 16$ Codewörter, da die drei redundanten Bits durch die 16 Blöcke aus vier Informations-Bits festgelegt sind. Bei dieser Codegröße kann man noch mit etwas Mühe manuell nachprüfen, dass sich zwei verschiedene Codewörter stets an mindestens 3, aber nicht mehr unbedingt an 4 Stellen unterscheiden. Der Minimalabstand beträgt also 3. Somit kann man mit dem kleinen Hamming Code *einen* Fehler automatisch korrigieren, bei nur 3 redundanten Bits. Mit dem Wiederholungscode aus Abschn. 4.1 würde man hierfür bei 4 Informations-Bits 8 redundante Bits benötigen.

4.4   …und wie's prinzipiell auch größer funktioniert

Der kleine Hamming-Code ist erstes Mitglied einer Serie von **Hamming-Codes,** die für Informationsblöcke von 11, 26 bzw. 57 Bits genau 4, 5 bzw. 6 redundante Bits, oder allgemein für Informationsblöcke von $2^r - 1 - r$ Bits genau r redundante Bits benötigen. Das Konstruktionsprinzip für den kleinen Hamming-Code mittels Kreisdiagramm lässt sich dabei leider nicht verallgemeinern. Wir wollen aber dennoch kurz erläutern, wie man die Serie der Hamming-Codes allgemein beschreiben kann.

Für r = 3 schreibt man sich alle Bit-Blöcke der Länge 3 ohne den 0-Block 0 0 0 senkrecht hin, wobei es auf die Reihenfolge prinzipiell nicht ankommt. Das Schema hat dann $2^3 - 1 = 8$ solche Spalten und sieht etwa so aus:

$$\begin{pmatrix} 0\,0\,0\,1\,1\,1\,1 \\ 0\,1\,1\,0\,0\,1\,1 \\ 1\,0\,1\,0\,1\,0\,1 \end{pmatrix}$$

Für $r = 4$ verwendet man alle Bit-Blöcke der Länge 4 ohne den 0-Block 0 0 0 0. Dies ergibt insgesamt $2^4 - 1 = 15$ Spalten und das Schema hat etwa folgende Gestalt:

$$\begin{pmatrix} 0\,0\,0\,0\,0\,0\,0\,1\,1\,1\,1\,1\,1\,1 \\ 0\,0\,0\,1\,1\,1\,1\,0\,0\,0\,0\,1\,1\,1\,1 \\ 0\,1\,1\,0\,0\,1\,1\,0\,0\,1\,1\,0\,0\,1\,1 \\ 1\,0\,1\,0\,1\,0\,1\,0\,1\,0\,1\,0\,1\,0\,1 \end{pmatrix}$$

Für beliebiges r nimmt man folglich alle Bit-Blöcke der Länge r ohne den 0-Block, also genau $2^r - 1$ Stück, und schreibt sie in das entsprechende Schema. Wie aber bestimmt man daraus nun den Hamming-Code? Das geht so: Die Codewörter sind nämlich genau die Bit-Blöcke $a_1 \ldots a_n$ der Länge $n = 2^r - 1$, die für alle Zeilen $z_{i1} \ldots z_{in}$ des Schemas die Gleichung $a_1 \cdot z_{i1} + \ldots + a_n \cdot z_{in} = 0$ erfüllen. Hierbei nimmt also i die Werte 1 bis r an und es wird wieder die Addition und Multiplikation von Bits verwendet. Man nennt diese Rechenvorschrift, nämlich die Bit-weisen Produkte zweier Bit-Blöcke zu addieren, das **Skalarprodukt** der Bit-Blöcke.

Nachteil dieser Konstruktion gegenüber dem Kreisdiagramm ist aber der, dass die Informations-Bits nicht unbedingt an den ersten Stellen und die redundanten Bits an den letzten Stellen der Codewörter stehen müssen. Dies kann man aber immer mithilfe von sogenannten elementaren Transformationen erreichen, die etwas technischer Natur sind und auf die wir daher nicht näher eingehen wollen. Man spricht dann von der **systematischen Form** des Codes.

Aus allgemeinen, nicht sehr schwierigen Überlegungen weiß man auch, dass die Codewörter der Länge n genau n – r Informations-Bits und r redundante Bits haben und sich zwei verschiedene Codewörter stets an mindestens 3, aber nicht mehr unbedingt an 4 Stellen unterscheiden. Also haben alle Hamming-Codes Minimalabstand 3. Auch mit größeren Hamming-Codes ist folglich nur ein Übertragungs- bzw. Auslesefehler je Codewort sicher korrigierbar, was für moderne Anwendungen einfach zu wenig ist und ihre Verwendbarkeit erheblich einschränkt. Dennoch werden Hamming-Codes nach wie vor in Arbeitsspeichern

von Computern eingesetzt, um Fehler bei Datenzugriffen automatisch zu korrigieren, womit sich hier zumindest symbolisch der Kreis zurück zu Hammings
Lochkarten schließt.

4.5   Der Mariner-Code

Im Jahr 1954 erhielt die Codierungstheorie einen weiteren Schub und zwar initi-
iert von **Irving Reed** und **David Muller.** Wir wollen hier allerdings nicht das
Konstruktionsverfahren aller der nach ihnen benannten **Reed-Muller-Codes** in
voller Allgemeinheit vorstellen. Vielmehr beschränken wir uns auf einen konkre-
ten Reed-Muller-Code, der Berühmtheit erlangt hat, da er von der NASA für
die Mariner-Missionen zum Mars verwendet wurde und so auch den Namen
Mariner-Code erhielt. Im Jahr 1969 nämlich startete die NASA die beiden
Raumsonden Mariner 6 und 7. Bei ihrem Vorbeiflug am Planeten Mars konnten
insgesamt etwa 200 Schwarz-Weiß-Aufnahmen vom Mars, der Marsoberfläche
und den beiden Mars-Monden zur Erde gefunkt werden. Nach einem Fehlstart
von Mariner 8 im Jahr 1971 hob dann im selben Jahr Mariner 9 erfolgreich ab und
schwenkte als erste irdische Sonde in die Umlaufbahn um den Mars ein. Bis zu
ihrem Betriebsende 1972 machte sie mehrere tausend Schwarz-Weiß-Aufnahmen
und sendete diese zur Erde.

Den bei den Mars-Versionen eingesetzten Reed-Muller-Code kann man wie
folgt beschreiben. Man verwendet hierfür das folgende Bit-Schema, bestehend
aus 6 Zeilen und 32 Spalten:

$$
\begin{pmatrix}
1\,0\,1\,0\,1\,0\,1\,0\,1\,0\,1\,0\,1\,0\,1\,0\,1\,0\,1\,0\,1\,0\,1\,0\,1\,0\,1\,0\,1\,0\,1\,0 \\
0\,1\,0\,1\,0\,1\,0\,1\,0\,1\,0\,1\,0\,1\,0\,1\,0\,1\,0\,1\,0\,1\,0\,1\,0\,1\,0\,1\,0\,1\,0\,1 \\
0\,0\,1\,1\,0\,0\,1\,1\,0\,0\,1\,1\,0\,0\,1\,1\,0\,0\,1\,1\,0\,0\,1\,1\,0\,0\,1\,1\,0\,0\,1\,1 \\
0\,0\,0\,0\,1\,1\,1\,1\,0\,0\,0\,0\,1\,1\,1\,1\,0\,0\,0\,0\,1\,1\,1\,1\,0\,0\,0\,0\,1\,1\,1\,1 \\
0\,0\,0\,0\,0\,0\,0\,0\,1\,1\,1\,1\,1\,1\,1\,1\,0\,0\,0\,0\,0\,0\,0\,0\,1\,1\,1\,1\,1\,1\,1\,1 \\
0\,0\,0\,0\,0\,0\,0\,0\,0\,0\,0\,0\,0\,0\,0\,0\,1\,1\,1\,1\,1\,1\,1\,1\,1\,1\,1\,1\,1\,1\,1\,1
\end{pmatrix}
$$

Das Bildungsgesetz des Mariner-Codes, wie übrigens auch das der gesamten
Teilserie der Reed-Muller-Codes, zu der auch der Mariner-Code gehört, lautet
dabei: In der ersten Zeile stehen abwechselnd 1 und 0. In den weiteren Zeilen
stehen abwechseln jeweils Blöcke aus 0 und 1, deren Länge sich zeilenweise
verdoppelt, stets beginnend mit einem Block aus 0.

Ein Block $a_1 \ldots a_6$ aus 6 Informations-Bits wird beim Mariner-Code in die stellenweise Summe von einigen der 6 Zeilen des Schemas überführt, wobei genau die Zeilen i genommen werden, für die $a_i = 1$ ist. Für $a_1 \ldots a_6 = 1$ 1 0 1 0 1 werden beispielsweise die erste, die zweite, die vierte und die sechste Zeile genommen:

Zeile 1:	1 0 1 0 1 0 1 0 1 0 1 0 1 0 1 0 1 0 1 0 1 0 1 0 1 0 1 0 1 0 1 0
Zeile 2:	0 1 0 1 0 1 0 1 0 1 0 1 0 1 0 1 0 1 0 1 0 1 0 1 0 1 0 1 0 1 0 1
Zeile 4:	0 0 0 0 1 1 1 1 0 0 0 0 1 1 1 1 0 0 0 0 1 1 1 1 0 0 0 0 1 1 1 1
Zeile 6:	0 0 0 0 0 0 0 0 0 0 0 0 0 0 0 0 1 1 1 1 1 1 1 1 1 1 1 1 1 1 1 1
Summe	1 1 1 1 0 0 0 0 1 1 1 1 0 0 0 0 0 0 0 0 1 1 1 1 0 0 0 0 1 1 1 1

Auf diese Weise wird also ein Informations-Block aus 6 Bits in ein Codewort aus 32 Bits überführt, das allerdings, wie auch schon bei Hamming-Codes angesprochen, so nicht in systematischer Form ist. Aber auch hier kann man dies mithilfe elementarer Umformungen recht einfach bewerkstelligen.

Für die Datenübertragung bei den Mariner-Missionen war also der Reed-Muller-Code von Länge $2^5 = 32$ und mit $2^6 = 64$ Codewörtern implementiert. Die 64 Bit-Blöcke $a_1 \ldots a_6$ und damit die 64 Codewörter entsprachen jeweils dem Grauwert, d. h. der Helligkeit eines Bildpunktes (Pixels) auf den damals noch üblichen Schwarz-Weiß-Aufnahmen. Der Code versieht also Blöcke aus 6 Informations-Bits mit der für heutige Verhältnisse immens hohen Anzahl von 26 redundanten Bits. Damit verringert sich also die Übertragungsrate der Information beim Datenfunk zwischen Sonde und Erde auf mehr als das 5-fache. Der Grund für die Wahl des Codes war jedoch der, dass sich zwei verschiedene Codewörter stets an mindestens 16 Stellen unterscheiden. Sein Minimalabstand ist sogar genau $2^4 = 16$. Da $2 \cdot 7 = 14$ kleiner als 16 ist, konnte man mit dem Code immerhin bis zu 7 Übertragungsfehler pro Codewort auf der Erde sicher korrigieren. Auf der Strecke zwischen Mars und Erde musste man von einer Bit-Fehlerwahrscheinlichkeit von 0,05 ausgehen. Durch den Einsatz des Reed-Muller-Codes konnte dabei die Grauwert-Fehlerrate auf 0,0001 reduziert werden.

4.6 Byte-weise größer gedacht

Um den nächsten Meilenstein der Codierungstheorie zu verstehen, müssen wir unser Denkschema etwas erweitern. Bislang haben wir nur „in Bits" gedacht.

Ein Byte war lediglich ein Block aus 8 Bits. Nun sollten wir beginnen, größer zu denken, und Bytes auch als eine Art „Supereinheit" jenseits der Bits zu begreifen. Wie aber ist das gemeint?

Es stellt sich in diesem Zusammenhang nämlich die Frage, ob man generell auch Blöcke von mehreren Bits sinnvoll addieren und multiplizieren kann, wie wir dies in Abschn. 3.1 bei Bits bereits gelernt haben. Was aber soll hier „sinnvoll" bedeuten? Es soll heißen, dass gewisse Rechenregeln gelten, die man für weiterführende Überlegungen unbedingt braucht. Wichtig ist nämlich, dass man nicht nur addieren und multiplizieren kann, sondern auch subtrahieren und dividieren. Hierzu benötigt man formal folgende beiden Eigenschaften:

- Jeder Bit-Block kann durch Addition eines zweiten Bit-Blocks zu 0 ... 0 gemacht werden (sog. **additives Inverses,** was einer Subtraktion entspricht). Man nennt **0 ... 0** auch das 0-Element.
- Jeder Bit-Block ungleich 0 ... 0 kann durch Multiplikation mit einem zweiten Bit-Block zu 0 ... 0 1 gemacht werden (sog. **multiplikatives Inverses,** was einer Division entspricht). Man nennt 0 ... 0 1 auch das **1-Element.**

Da $0 + 0 = 0$, $1 + 1 = 0$ und $1 \cdot 1 = 1$ ist, sind diese beiden Eigenschaften für Bits erfüllt. Machen wir also einen weiteren kleinen Schritt und betrachten zunächst Blöcke aus zwei Bits, also Bit-Paare. Ein erster Ansatz ist doch der, dass man die Bits dann positionsweise addiert und multipliziert. Für die Addition funktioniert das auch gut, denn wenn man zu einem Bit-Paar das gleiche addiert, dann kommt dabei immer 0 0 heraus. Bei der Multiplikation aber erleidet man leider Schiffbruch, denn egal mit was man 1 0 positionsweise multipliziert, es ergibt nie 0 1. Man muss also die Multiplikation diffiziler definieren. Abb. 4.3 zeigt die gewünschten „sinnvollen" Additions- und Multiplikationstafeln für Bit-Paare.

+	00	01	10	11		.	00	01	10	11
00	00	01	10	11		00	00	00	00	00
01	01	00	11	10		01	00	01	10	11
10	10	11	00	01		10	00	10	11	01
11	11	10	01	00		11	00	11	01	10

Abb. 4.3 Additions- und Multiplikationstafeln für Bit-Paare

Es handelt sich gewissermaßen um eine Erweiterung der Addition und Multiplikation von Bits, denn diese findet sich exakt im linken oberen Viertel der Tabelle, bezogen auf die letzte Position des Bit-Paares. Jetzt gibt es auch zu 1 0 ein zweites Bit-Paar, nämlich 1 1, für das das Produkt 1 0 · 1 1 das 1-Element 0 1 ergibt.

Während auch für Bit-Blöcke beliebiger Länge die „sinnvolle" Addition einfach positionsweise erfolgen kann, müssen für die Multiplikation recht komplizierte Regeln festgelegt werden. Die gute Nachricht ist jedenfalls: Es funktioniert immer, insbesondere also auch für Bytes mit ihren 8 Bits. Wir verzichten hier allerdings auf die Wiedergabe der Byte-weisen Multiplikationstafel mit 64 Zeilen und Spalten sowie auf die Beschreibung, wie sich diese formal herleitet. Wichtig ist im Weiteren für uns eben nur zu wissen, dass es sie gibt.

4.7 Reed-Solomon – Ein Star ist geboren

Wir kommen nun zu den eigentlichen Stars unter den fehlerkorrigierenden Codes, den **Reed-Solomon-Codes.** Sie wurden 1960 von **Irving Reed** und **Gustave Solomon** am MIT Lincoln Laboratory, einer Forschungseinrichtung des Verteidigungsministeriums der USA, entwickelt. Die Idee dahinter ist recht einfach einzusehen, man benötigt aber eben Bytes mit ihrer gemäß Abschn. 4.6 „sinnvoll" definierten Addition und Multiplikation. Aber vorweg generell die zunächst verblüffend erscheinende Botschaft von Reed und Solomon.

In der Praxis werden umfangreiche Informationen durch Blöcke von mehreren Bytes übertragen. Sagen wir ein solcher Informationsblock bestehe jeweils aus k Bytes. Möchte man hierbei bis zu e beliebige Empfangs- bzw. Auslesefehler sicher korrigieren und ist $k + 2 \cdot e$ höchsten $2^8 = 256$, dann kann man jeden solchen Block mit dem Reed-Solomon-Verfahren um $2 \cdot e$ redundante Bytes derart erweitern, dass dies stets möglich ist. Das heißt schematisch

1 1 0 1 0 1 1 0 ···k Informations-Bytes··· 0 1 0 1 1 1 1 0 0 1 0 0 0 0 1 1
···2e redundante Bytes··· 1 0 0 1 0 1 0 0

Der Minimalabstand d eines solchen **Reed-Solomon-Codes** ist dabei genau $d = 2 \cdot e + 1$. Wir wollen uns jetzt anschauen, wie das Verfahren prinzipiell funktioniert. Hierzu werden wieder Polynome benötigt, aber nun solche, deren Koeffizienten keine Bits, sondern Bytes sind, wobei dabei deren Additions- und Multiplikationsregeln verwendet werden.

Wir fassen wieder k aufeinanderfolgende Bytes zu Informationsblöcken zusammen, also beispielsweise 1 1 0 1 0 1 1 0 ...k Bytes... 0 1 0 1 1 1 1 0. Allgemein kann man also so einen Block schreiben als $\alpha_{k-1} \ldots \alpha_1 \; \alpha_0$ mit

Bytes α_i. Wir interpretieren einen solchen Byte-Block wieder als Koeffizienten eines Polynoms $f(x)$ mit der Unbestimmten x, das heißt $f(x) = \alpha_{k-1} \cdot x^{k-1} + \ldots + \alpha_2 \cdot x^2 + \alpha_1 \cdot x + \alpha_0$. Es sollen also bis zu e beliebige Empfangs- bzw. Auslesefehler korrigiert werden können, wobei $k + 2 \cdot$ e höchstens gleich 256 ist. Mit $\gamma_1, \ldots, \gamma_{256}$ bezeichnen wir die Menge aller $2^8 = 256$ Bytes mit einer festen, aber beliebigen Reihenfolge. Wir codieren dann einen Byte-Block der Länge k in einen Byte-Block der Länge $n = k + 2 \cdot$ e durch die Vorschrift

$$\alpha_{k-1} \ldots \alpha_1 \alpha_0 \;\to\; f(\gamma_1) \ldots f(\gamma_n).$$

Dies ist möglich, weil n höchstens gleich 256 ist. In Worten bedeutet das Vorgehen: Das zum Informationsblock $\alpha_{k-1} \ldots \alpha_1 \alpha_0$ gehörige Polynom $f(x)$ wird an den ersten n Bytes ausgewertet, d. h. die Bytes γ_i werden für die Unbestimmte x eingesetzt und der Wert $f(\gamma_i)$ berechnet. Anschließend werden die Ergebnisse der Auswertung als Byte-Block der Länge n aneinandergereiht. Dadurch entsteht ein **Reed-Solomon-Code.**

Nachteil dieser Konstruktion ist wieder, dass die Informations-Bytes nicht unbedingt an den ersten Stellen und die redundanten Bytes an den letzten Stellen der Codewörter stehen müssen. Dies kann man aber auch hier wieder mithilfe von elementaren Transformationen erreichen. Der Reed-Solomon-Code in systematischer Form besitzt dann also k Informations-Bytes und $2 \cdot$ e redundante Bytes.

Warum aber funktioniert das Verfahren? Um das zu sehen, sei $\beta_{k-1} \ldots \beta_1 \beta_0$ ein anderer Informationsblock aus Bytes β_i mit dem zugehörigen Polynom $g(x) = \beta_{k-1} \cdot x^{k-1} + \ldots + \beta_2 \cdot x^2 + \beta_1 \cdot x + \beta_0$ und dem Reed-Solomon-Codewort $g(\gamma_1) \ldots g(\gamma_n)$. Dann müssen sich die beiden Codewort $f(\gamma_1) \ldots f(\gamma_n)$ und $g(\gamma_1) \ldots g(\gamma_n)$ an mindestens $2 \cdot$ e $+ 1$ Stellen unterscheiden. Sonst nämlich hätte der Byte-Block $f(\gamma_1) + g(\gamma_1) \ldots f(\gamma_n) + g(\gamma_n)$ an mindestens $n - 2 \cdot$ e $= k + 2 \cdot$ e $- 2 \cdot$ e $= k$ Stellen den Byte-Wert 0 0 0 0 0 0 0 0 und das Polynom $f(x) + g(x) = (\alpha_{k-1} + \beta_{k-1}) \cdot x^{k-1} + \ldots + (\alpha_0 + \beta_0)$ hätte mindestens k Nullstellen. Da aber $f(x)$ nicht gleich $g(x)$ ist und $f(x) + g(x)$ den Grad höchstens $k - 1$ hat, kann das bekanntlich nicht sein. Also hat der Reed-Solomon-Code mindestens Minimalabstand $2 \cdot$ e $+ 1$.

4.8   Reed-Solomon a Miniature

Reed-Solomon-Codes kann man nicht nur auf Byte-Basis, also mit Blöcken aus 8 Bits, konstruieren, wie es allerdings in der Praxis üblich ist. Es geht auch für

Blöcke aus beliebig vielen Bits, also auch für Bit-Paare. Wir wollen uns dieses kleine Beispiel einmal konkret anschauen für $k = 2$ und $e = 1$, also $n = k + 2 \cdot e = 4 = 2^2$. Wir wählen als Reihenfolge der Bit-Paare $\gamma_1 = 0\ 0$, $\gamma_2 = 0\ 1$, $\gamma_3 = 1\ 0$ und $\gamma_4 = 1\ 1$. Nun wollen wir den Informationsblock $\alpha_1\ \alpha_0 = 1\ 0\ 1\ 1$ aus $k = 2$ Bit-Paaren codieren und bilden das zugehörige Polynom $f(x) = \alpha_1 \cdot x + \alpha_0 = 1\ 0 \cdot x + 1\ 1$. Das zugehörige Reed-Solomon-Codewort lautet folglich $f(\gamma_1)\ f(\gamma_2)\ f(\gamma_3)\ f(\gamma_4)$. Wegen.

$$f(\gamma_1) = 1\ 0 \cdot\ \gamma_1 + 1\ 1 = 1\ 0 \cdot\ 0\ 0 + 1\ 1 = 0\ 0 + 1\ 1 = 1\ 1$$
$$f(\gamma_2) = 1\ 0 \cdot\ \gamma_2 + 1\ 1 = 1\ 0 \cdot\ 0\ 1 + 1\ 1 = 1\ 0 + 1\ 1 = 0\ 1$$
$$f(\gamma_3) = 1\ 0 \cdot\ \gamma_3 + 1\ 1 = 1\ 0 \cdot\ 1\ 0 + 1\ 1 = 1\ 1 + 1\ 1 = 0\ 0$$
$$f(\gamma_4) = 1\ 0 \cdot\ \gamma_4 + 1\ 1 = 1\ 0 \cdot\ 1\ 1 + 1\ 1 = 0\ 1 + 1\ 1 = 1\ 0,$$

wobei wir die Additions- und Multiplikationstafeln für Bit-Paare aus Abschn. 4.6 verwendet haben, ergibt sich konkret das Codewort 1 1 0 1 0 0 1 0 von Länge n = 4, also mit 4 Bit-Paaren.

Als Übung kann man alle $(2^2)^2 = 16$ Codewörter berechnen und sich dann auch vergewissern, dass dieser kleine Reed-Solomon-Code wirklich Minimalabstand $d = 2 \cdot e + 1 = 3$ besitzt.

Wenn Reed-Solomon auf Wirklichkeit trifft

5

Die Entdeckung von Reed-Solomon-Codes war so etwas wie eine erste Revolution in der Geschichte der Codierungstheorie. Dies kommt schon dadurch zum Ausdruck, dass bei sehr vielen Übertragungskanälen oder Speichermedien Reed-Solomon-Codes im Einsatz sind oder zumindest waren.

5.1 Knistern und Knacken einer Langspielplatte: Muss das noch sein?

Die digitalen Daten auf einer **CD** oder auch **DVD** werden als Bit-Folge entlang einer spiralförmig verlaufenden Spur in Form von Vertiefungen (sog. Pits) und Nicht-Vertiefungen (sog. Lands) abgespeichert. Man nennt diesen Vorgang auch Brennen. Ein Bit entspricht dabei einer Länge von 0,0003 mm. Beim Abspielen werden CD und DVD von einem Fotodetektor anhand der Intensität eines reflektierten Laserstrahls ausgelesen. Bei den Pits wird das Licht infolge von Interferenzen weniger stark reflektiert als bei den Lands.

Soll beispielsweise eine handelsübliche Audio-CD bespielt werden, so wird beim Aufnehmen der Musik das analoge Tonsignal auf jedem der beiden Stereokanäle mit 44,1 kHz abgetastet. Die gewählte Abtastfrequenz hängt damit zusammen, dass sie etwa das Doppelte der maximalen menschlichen Hörfrequenz sein muss. Jeder der beiden pro Stereokanal abgetasteten analogen Audiowerte wird anschließend digitalisiert, und zwar in Form einer Folge aus 16 Bits, also 2 Bytes. Die 4 Bytes für beide Stereokanäle zusammen, die sog. **Audio-Samples,** könnte man nun prinzipiell in ihrer zeitlichen Abfolge auf die CD brennen.

Aber halt: Würde bei diesem Vorgehen nicht etwa doch wieder das Knistern und Knacken einer alten Langspielplatte zum Leben erweckt? Denn kleine Microkratzer auf Audio-CDs lassen sich nun mal nicht ganz vermeiden. Und auch

O. Manz, *Den Fehlerteufel ausgetrickst*, essentials, https://doi.org/10.1007/978-3-662-66297-7_5

wenn dadurch nur wenige Bits verfälscht werden, so würde das Hörresultat doch
erheblich darunter leiden. Glücklicherweise hat aber wohl jeder schon einmal die
Erfahrung gemacht, dass selbst deutlich sichtbare Kratzer einer Audio-CD nichts
anhaben können. Man hört kein Ruckeln oder Knacken, die Musik spielt unbe-
irrt weiter. Dennoch muss der CD-Player rein physikalisch auf Lesefehler bzw.
Leselücken gestoßen sein. Wie aber geht er damit um, wie kann er die Fehler
korrigieren?

5.2 Audio-CDs powered by Interleaving

Die Fehlerkorrektur von Audio-CDs funktioniert mithilfe von Reed-Solomon-
Codes. Je 6 Audio-Samples, also insgesamt 24 Bytes, werden zu einem
Informationsblock zusammengefasst und um 4 redundante Bytes zu einem Reed-
Solomon-Code erweitert, womit man also 2 Fehler korrigieren kann. Das könnte
für Microkratzer gerade so reichen, bei größeren Kratzern aber, also gebün-
delt auftretenden Lesefehlern (d. h. Bursts gemäß Abschn. 3.9), wäre der
Reed-Solomon-Code überfordert.

Deswegen wendet man einen simplen, aber wirkungsvollen Trick an, der
in Abb. 5.1 visualisiert ist. Man liest nämlich zunächst 28 Reed-Solomon-
Codewörter mit ihren jeweils 28 Bytes zeilenweise von oben nach unten in ein
Schema ein (waagerechte Balken in der Grafik) und liest anschließend zum CD-
Brennen das Schema spaltenweise von links nach rechts wieder aus (senkrechte
Balken in der Grafik). Dadurch werden eventuelle Fehlerbündel (Bursts), die
sich ja auf der CD nun auf die (senkrechten) Spalten auswirken würden, auf
mehrere (waagerechte) Codewörter verteilt. Damit besitzen die zu korrigierenden
Codewörter in der Regel nur wenige einzelne Fehler, die meist von dem Reed-
Solomon-Code korrigiert werden können. Man nennt das Verfahren **Interleaving.**
Auf diese Weise füllt und leert man ein Schema nach dem anderen. In der Tat
baut man dabei aber noch einen Verzögerungsfaktor von 4 ein, das heißt, man
legt eigentlich ein Codewort Byte für Byte treppenförmig ab, jeweils einen Tritt
weiter nach unten mit Stufen der Länge 4, aber nach wie vor mit einer gesamten
Tiefe von 28. Hierauf wollen wir jedoch nicht weiter eingehen.

Aber damit nicht genug: Bevor man nämlich die 28 Bytes je Spalte wirklich
auf die CD brennt, erweitert man auch diese um jeweils 4 zusätzliche redundante Bytes zu einem zweiten Reed-Solomon-Code mit 32 Bytes Länge. Diesen
verwendet man aber beim Auslesen nur zur Korrektur von genau einem Fehler sowie zur Fehlererkennung von 2, 3 und ggf. auch mehreren Fehlern. Das
gesamte Vorgehen ist in Abb. 5.2 zusammengestellt.

Abb. 5.1 Vereinfachte
Darstellung des Interleaving
bei Audio-CDs

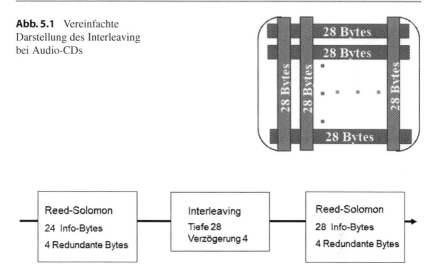

Reed-Solomon	Interleaving	Reed-Solomon
24 Info-Bytes	Tiefe 28	28 Info-Bytes
4 Redundante Bytes	Verzögerung 4	4 Redundante Bytes

Abb. 5.2 Fehlerkorrekturverfahren bei Audio-CDs

Das Verfahren macht es möglich, beim Abspielen der CD den Audioinhalt von bis zu 3 mm breiten Kratzern automatisch zu rekonstruieren. Bei Audio-CDs kann aber die Korrekturfähigkeit noch weiter gesteigert werden. Durch geschickte Abspeicherung der Audio-Samples kann man nämlich nicht mehr lesbare Daten mit lesbaren oder über Codierverfahren ermittelten Stützwerten interpolieren, zumindest innerhalb der menschlicher Hörfähigkeit. Auf diese Art erreicht man schließlich eine rekonstruierbare Spurlänge von bis zu 7 mm.

Das Fehlerkorrekturverfahren funktioniert bei Daten-DVDs prinzipiell genauso. Hierbei wird aber zunächst ein Reed-Solomon-Code mit 172 Informations-Bytes und 10 redundanten Bytes verwendet. Die Codewörter aus 182 Bytes werden danach in ein Interleaving-Schema mit 182 Spalten und 192 Zeilen eingelesen. Abschließend werden noch die 192 Bytes einer Spalte zu einem Reed-Solomon-Code um 16 redundante Bytes erweitert. Die Codewörter dieses Codes von Länge 208 werden schließlich auf die DVD gebrannt. Bei Daten-DVDs ist Interpolation allerdings nicht möglich.

5.3   Clevere Schachbretter

Wir kommen jetzt zu einer Fortentwicklung von Strich-Codes, von denen wir ein Beispiel in Abschn. 3.2 gesehen haben. Es handelt sich um **quadratische BAR-Codes,** und hier speziell um den Code **QR (Quick Response).** Abb. 5.3 zeigt ein Beispiel. QR wurde 1994 ursprünglich für die Produktionslogistik bei Toyota entwickelt, ist aber heutzutage sehr populär. Man findet ihn daher häufig in Zeitschriften und Werbebroschüren. Programme zum Generieren von QR-Codes sind im Internet frei verfügbar. Smartphones können mittels eingebauter Kamera und entsprechenden Apps den Inhalt von QR-Codes interpretieren. Häufig handelt es sich dabei nur um eine Internet-Adresse, die eine Home-Page öffnet, wo ggf. ein kleines Werbevideo abgespielt wird. Charakteristisch bei QR sind die „Bullaugen" rechts und links oben, sowie links unten. Grundsätzlich kann man nämlich einen QR-Code von jeder beliebigen Perspektive aus einscannen. Dabei werden die Bullaugen zur Orientierung über die Lage des QR-Codes verwendet.

Abb. 5.3 QR-Code für die
Internetseite des Buches
„Manz, O.:
Fehlerkorrigierende Codes
(Springer, 2017)" mit
digitalisierten
Fehlerkorrekturstufen

Quadratische BAR-Codes wie QR bilden eine Art Schachbrett mit vielen kleinen schwarzen und weißen Quadraten. Dabei steht „schwarz" für das Bit 1 und „weiß" für das Bit 0. Der Informationsinhalt des QR-Codes, also z. B. eine Internet-Adresse, ist somit in Gestalt der kleinen Quadrate digitalisiert. Die Information wird zwar zunächst auf Bytes-Basis aufbereitet, die Bytes dann aber Bit für Bit in den BAR.Code überführt. Diese Bit-Folge beginnt in der rechten unteren Ecke und verläuft dann die zwei rechten Spalten aufwärts in einer Art „Zick-Zack-Muster". Oben angekommen, geht es die nächsten beiden Spalten wieder abwärts und so weiter. Ein QR-Code kann je nach Informationsumfang aus 21×21 bis zu 177×177 kleinen Quadraten bestehen.

5.4   Quick Response – Um keine Antwort verlegen

Manchmal ist ein QR-Code beispielsweise in Zeitschriften, Broschüren oder auf Verpackungen leicht geknickt oder beschmiert. Für diesen Fall ist bei QR ein Verfahren implementiert, das es erlaubt, eventuelle Lesefehler beim Einscannen automatisch zu korrigieren, jedenfalls in gewissem Umfang. QR-Codes sind in den vier Fehlerkorrekturstufen L = 7 %, M = 15 %, Q = 25 % und H = 30 % verfügbar, deren Digitalisierung als Teil des BAR-Codes in Abb. 5.3 zu sehen ist. Hat der QR-Code dabei eine Fehlerkorrekturstufe von x %, so können bis zu x % der Daten des QR-Codes beschädigt oder verdeckt sein und es ist trotzdem möglich, die enthaltene Information korrekt auszulesen. Je sensibler die Anwendung ist, für die der QR-Code eingesetzt werden soll, umso höher sollte die Korrekturstufe gewählt werden. Bei Werbevideos z. B. genügt eine geringe, beim Einsatz in der Produktionslogistik ist eine hohe Korrekturstufe erforderlich.

Wie aber funktioniert die Fehlerkorrektur bei QR? Mögliche Lesefehler werden mithilfe von Reed-Solomon-Codes korrigiert. Bei den digitalisierten Daten tragen also einige Bytes echte Information, andere sind redundant und dienen der Fehlerkorrektur. Nehmen wir als Beispiel einen QR-Code mit 37×37 kleinen Quadraten. Wenn man hierbei die Bereiche der für die Lagebestimmung notwendigen Bullaugen sowie andere, für weitere technische Zwecke notwendigen Bits abzieht, kann dieser QR-Code genau 134 Bytes an digitalisierten Daten aufnehmen. Bei Fehlerkorrekturstufe L (7 %) wird ein Codewort des Reed-Solomon-Codes mit 108 Informations-Bytes und 26 redundanten Bytes benutzt. Es kann also bis zu 13 Fehler korrigieren, dies sind knapp 10 % von den insgesamt 134 Bytes. Damit ist man also auf der sicheren Seite.

Bei den übrigen Fehlerkorrekturstufen wird zusätzlich Interleaving genutzt. Für Stufe M (15 %) werden zwei Codewörter des Reed-Solomon-Codes mit 43

Informations-Bytes und 24 redundanten Bytes eingesetzt, die zum Interleaving in ein 2-zeiliges Schema zeilenweise eingelesen werden. Dabei geht man wegen des spaltenweisen Auslesens davon aus, dass sich die Fehler etwa gleich auf beide Zeilen des Schemas verteilen. Jedes der beiden Codeswörter kann bis zu 12 Fehler korrigieren, das ganze Schema also 24. Dies sind knapp 18 % der insgesamt 134 Bytes.

Für Fehlerkorrekturstufe Q (25 %) wird Interleaving mit einem 4-zeiligen Schema eingesetzt, wobei dazu zwei Codewörter des Reed-Solomon-Codes mit 15 Informations-Bytes und 18 redundanten Bytes sowie zwei Codewörter des Reed-Solomon-Codes mit 16 Informations-Bytes und 18 redundanten Bytes verwendet werden. Dabei sind also die ersten beiden Zeilen um ein Byte kürzer. Jedenfalls können alle Codewörter bis zu 9 Fehler korrigieren. Wenn man wieder davon ausgeht, dass sich die Fehler etwa gleich auf die vier Zeilen des Schemas verteilen, kann das ganze Schema also 36 Fehler korrigieren. Dies sind knapp 27 % der insgesamt 134 Bytes. Bei Stufe H (30 %) wird analog vorgegangen mit 11 Informations-Bytes und 22 redundanten Bytes bzw. 12 Informations-Bytes und 22 redundanten Bytes. Jedes Codewort kann bis zu 11 Fehler korrigieren, das Schema insgesamt also 44. Dies sind knapp 33 % der insgesamt 134 Bytes.

Auf dem Markt verfügbar sind übrigens noch weitere quadratische BAR-Codes. Die Deutsche Bahn beispielsweise nutzt **Aztec** für ihre Online-Fahrkarten. Aztec sieht aus wie eine Azteken-Pyramide von oben. Die Deutsche Post verwendet **DataMatrix** zum Freimachen von Briefen. Auch bei diesen BAR-Codes werden Lesefehler mit dem Reed-Solomon-Verfahren korrigiert.

5.5   Wegweisende NASA-Raumfahrt

Wir kommen nun zu der Protagonistin in der Anwendung von fehlerkorrigierenden Codes schlechthin, nämlich der Raumfahrt. Nachdem man in vorangegangenen Missionen zunächst einen Reed-Muller-Code (gemäß Abschn. 4.5), und anschließend den (noch zu erläuternden) Golay-Code eingesetzt hatte, hat die NASA mittlerweile den Reed-Solomon-Code mit 223 Informations-Bytes und 32 redundanten Bytes, also von Länge n = 255, zu ihrem Standard erklärt. Hiermit kann man also bis zu 16 Fehler je Codewort sicher korrigieren.

Wegweisend war dabei insbesondere die Sonde **Voyager 2,** die 1977 gestartet wurde. Voyager 2 passierte den Planeten Jupiter 1979, den Saturn 1981, den Uranus 1986 und den Neptun 1989. Um beim Weg durch unserem Sonnensystem nicht falsch abzubiegen, sind hier von innen nach außen die acht Planeten mit ihren Durchmessern (in 1000 km) aufgelistet:

- Merkur   4,9
- Venus   12,1
- Erde   12,8
- Mars   6,8
- Jupiter   143,0
- Saturn   120,5
- Uranus   51,1
- Neptun   49,5

Während der Jupiter- und Saturn-Passage verwendete man, wie übrigens bei der Zwillingssonde **Voyager 1** auch, für die Übertragung der Farbfotos und den Datenverkehr mit der Erde den **Golay-Code.** Dieser wurde bereits im Jahr 1949 von **Marcel Golay** vorgeschlagen. Es handelt sich um einen sehr guten sporadischen Code, der also nicht Teil einer Serie ist. Er besitzt 12 Informations- und 12 redundante Bits. Sein Minimalabstand ist 8, man kann also bis zu 3 Fehler je Codewort sicher korrigieren. Zur Konstruktion kann man das folgende Schema verwenden, wobei man bei der Codierung eines Blocks aus 12 Informations-Bits in Codewörter der Länge 24 wie beim Mariner-Code in Abschn. 4.5 vorgeht. Es ergibt sich dabei sogar unmittelbar ein Code in systematische Form.

$$
\begin{pmatrix}
1\,0\,0\,0\,0\,0\,0\,0\,0\,0\,0\,0\,1\,0\,0\,1\,1\,1\,1\,1\,0\,0\,0\,1 \\
0\,1\,0\,0\,0\,0\,0\,0\,0\,0\,0\,0\,1\,0\,0\,1\,1\,1\,1\,1\,0\,1\,0 \\
0\,0\,1\,0\,0\,0\,0\,0\,0\,0\,0\,0\,0\,1\,0\,0\,1\,1\,1\,1\,1\,0\,1 \\
0\,0\,0\,1\,0\,0\,0\,0\,0\,0\,0\,1\,0\,0\,1\,0\,0\,1\,1\,1\,1\,1\,0 \\
0\,0\,0\,0\,1\,0\,0\,0\,0\,0\,0\,1\,1\,0\,0\,1\,0\,0\,1\,1\,1\,0\,1 \\
0\,0\,0\,0\,0\,1\,0\,0\,0\,0\,0\,1\,1\,1\,0\,0\,1\,0\,0\,1\,1\,1\,0 \\
0\,0\,0\,0\,0\,0\,1\,0\,0\,0\,0\,1\,1\,1\,1\,0\,0\,1\,0\,0\,1\,0\,1 \\
0\,0\,0\,0\,0\,0\,0\,1\,0\,0\,0\,0\,1\,1\,1\,1\,1\,0\,0\,1\,0\,0\,1\,0 \\
0\,0\,0\,0\,0\,0\,0\,0\,1\,0\,0\,0\,0\,1\,1\,1\,1\,1\,0\,0\,1\,0\,0\,1 \\
0\,0\,0\,0\,0\,0\,0\,0\,0\,1\,0\,0\,0\,0\,1\,1\,1\,1\,1\,0\,0\,1\,1\,0 \\
0\,0\,0\,0\,0\,0\,0\,0\,0\,0\,1\,0\,0\,1\,0\,1\,0\,1\,0\,1\,0\,1\,1\,1 \\
0\,0\,0\,0\,0\,0\,0\,0\,0\,0\,0\,1\,1\,0\,1\,0\,1\,0\,1\,0\,1\,0\,1\,1
\end{pmatrix}
$$

Für den Weiterflug zu Uranus und Neptun, für den man sich bei Voyager 2 unter Abänderung der ursprünglichen Pläne entschlossen hatte, musste man jedoch auf einen besseren, nämlich den Reed-Solomon-Code mit 223 Informations-Bytes und 32 redundanten Bytes umstellen. Die Sonden Voyager 1 und 2 haben mittlerweile längst unser inneres Sonnensystem verlassen, senden aber immer noch Daten zur Erde, obwohl auch dies bald zu Ende gehen wird.

Als weiteren Meilenstein in der Raumfahrt ist auch die 1989 gestartete NASA-Sonde **Galileo** zu nennen, die den Jupiter von 1995 bis 2003 umkreiste und dabei zahlreiche Fotos und Daten zur Erde sandte. In einer Folgemission hob dann die Sonde **Cassini** 1997 von der Erde ab, um den Saturn von 2004 bis 2017 zu umkreisen. Die angekoppelte Landefähre **Huygens** setzte dabei 2005 auf dem größten Saturnmond Titan auf. Bei beiden wegweisenden Missionen wie auch bei diversen Einsätzen von Rovern auf dem Planeten Mars, etwa den 2003 bzw. 2011 gestarteten **Opportunity** und **Curiosity,** war und ist der Reed-Solomon-Code mit 223 Informations-Bytes und 32 redundanten Bytes für einen fehlerfreien Datenverkehr mit der Erde im Einsatz.

Auch beim NASA-Code wird zusätzlich Interleaving eingesetzt, wobei die Codewörter der Länge 255 zeilenweise in ein Schema mit maximal 8 Zeilen eingelesen werden. Aber auch das war noch nicht alles. Zur Verbesserung der Korrekturfähigkeit wird auf den Bit-Strom der ausgelesenen Spalten des Schemas noch ein weiterer Code angewandt, nämlich ein Faltungscode. Wir kommen darauf in Kap. 6 zurück.

5.6   TV und Internet – Aussetzer strengstens verboten

Man mag es sich kaum vorstellen: Fernsehen schauen mit ständigen Aussetzern, Bildstörungen und Tonverzerrungen. Dass dies nicht der Fall ist, hängt maßgeblich am Einsatz von Fehlerkorrekturverfahren auf dem langen Weg eines Fernsehsignals über Kabel oder drahtlos über Satellit. Das Digitalfernsehen beruht auf dem Standard **DVB (Digital Video Broadcasting).** Dabei werden die eigentlichen Programminhalte als Informationsblöcke mit jeweils 188 Bytes digitalisiert. Zur Fehlerkorrektur erweitert man diese Byte-Blöcke um jeweils 16 Bytes zu einem Reed-Solomon-Code, mit dem man also 8 Fehler je Codewort sicher korrigieren kann.

Wie auch bei der CD oder DVD genügt dies nicht, um gebündelt auftretende Fehler (Bursts) korrigieren zu können. Daher wendet man auch hier das Mittel des Interleaving an, indem man die Codewörter der Länge 204 in ein 12-zeiliges Schema einliest, wie dies Abb. 5.4 zeigt. Dies ist also vergleichbar mit dem

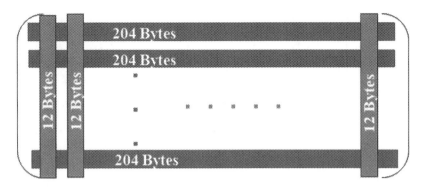

Abb. 5.4 Vereinfachte Darstellung des Interleaving bei DVB

Vorgehen bei CD und DVD. Aber auch hier wird noch zusätzlich ein Verzögerungsfaktor eingebaut, diesmal der Faktor 17. Dies bedeutet, dass man ein
Codewort Byte für Byte treppenförmig ablegt, jeweils einen Tritt weiter nach
unten mit Stufen der Länge 17, aber nach wie vor mit einer gesamten Tiefe von
12.

Auch das war noch nicht die volle Wahrheit. Denn bei der besonders fehleranfälligen Übertragung per Satellit wird auf den Bit-Strom der ausgelesenen
Spalten noch ein zusätzlicher Code angewandt, wiederum ein Faltungscode, auf
den wir in Kap. 6 eingehen werden.

Zum Digitalfernsehen DVB gibt es bereits einen Nachfolger **DVB-2**. Der
neue Standard verwendet allerdings ein ganz anderes Fehlerkorrekturverfahren
als DVB, nämlich die erstmals 1998 von **Dariush Divsalar, Hui Jin** und **Robert
McEliece** vorgeschlagenen **LDPC-Codes (Low Density Parity Check)** vom **RA-**
bzw. **IRA-Typ (Irregular Repeat and Accumulate)**. Diese Codes, auf die wir
nicht weiter eingehen wollen, zählen heutzutage zu den besten Fehlerkorrekturverfahren überhaupt. Ihre Güte ist allerdings nur mit aufwendigen Simulationen
bestimm- und optimierbar.

Vermutlich noch fataler als Aussetzer beim Digitalfernsehen wären wohl
solche im Internet, nicht nur im Privaten, sondern insbesondere auch in der Wirtschaft. Die Abkürzung **DSL (Digital Subscriber Line)** wird dabei manchmal als
Synonym für einen Internetanschluss verwendet. Genau genommen definiert DSL
aber den Standard für die digitale Breitbandübertragung mittels Telefonleitung.
Auch bei DSL wird zur Fehlerkorrektur ein Reed-Solomon-Code eingesetzt, der
konfigurierbar durch den Betreiber mit bis zu 24 redundanten Bytes arbeitet,

sodass also bis zu 12 Fehler je Codewort sicher korrigierbar sind. Zusätzlich ist der Einsatz von Interleaving sowie der eines Faltungscodes gemäß DSL-Standard möglich.

Gut gefaltet

6

6.1 Takt für Takt

Wir betreten nun eine andere Welt, nämlich die der Faltungscodes. Um diese zu verstehen, müssen wir uns zuerst mit einem elektronischen Schaltelement vertraut machen, das den großen Vorteil bietet, digitale Daten extrem schnell verarbeiten zu können. Man nennt diese Schaltelemente **Schieberegister.** Ein Schieberegister hat mehrere Speicherzellen, einige gerichtete Verschaltungen und Additionsoperatoren an den Knoten, wo gerichtete Verschaltungen zusammenlaufen. Abb. 6.1 zeigt zum Verständnis ein sehr kleines Beispiel eines Schieberegisters mit nur zwei Speicherzellen, die beide mit dem Bit 0 vorbelegt sind. Die Bits, die verarbeitet werden sollen, warten zunächst links am Eingang des Schieberegisters. Am rechten Ende befinden sich zwei Ausgänge.

Sobald ein Schieberegister zu arbeiten beginnt, ist es einem festen, in der Praxis extrem schnellen Takt unterworfen. Dabei wird Bit für Bit taktweise von links in das Schieberegister eingespeist und zusammen mit den Bits der Speicherzellen entlang aller Verschaltungen weitergeschoben. Auf dem Weg durch die Verschaltungen werden zusätzlich einige Additionen durchgeführt. Dabei werden zwei Bits an den rechten beiden Ausgängen ausgegeben und schließlich ineinander verschachtelt. Zur Illustration sind in Abb. 6.2 und 6.3 die Zustände nach dem ersten und dem zweiten Takt wiedergegeben. Beim ersten Takt beispielsweise wird das Bit 1 von links eingespeist und in die erste Speicherzelle geschrieben. Das Bit 0 der ersten Speicherzelle wird in der zweiten Speicherzelle abgelegt. Bei der obigen Verschaltung des Schieberegisters wird die Rechnung $1 + 0 + 0 = 1$ und bei der unteren $1 + 0 = 1$ ausgeführt, was zur Ausgabe der beiden Bits 1 1 führt.

© Der/die Autor(en), exklusiv lizenziert an Springer-Verlag GmbH, DE, ein Teil   43
von Springer Nature 2022
O. Manz, *Den Fehlerteufel ausgetrickst*, essentials,
https://doi.org/10.1007/978-3-662-66297-7_6

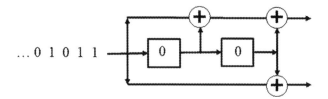

Abb. 6.1   Kleines Schieberegister initial

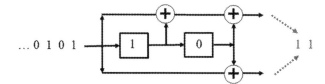

Abb. 6.2   Kleines Schieberegister nach dem erstem Takt

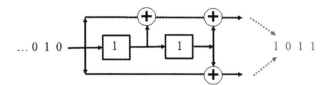

Abb. 6.3   Kleines Schieberegister nach dem zweitem Takt

Etwas kompliziertere Schieberegister werden uns noch in Abschn. 6.3 und 6.6 begegnen.

6.2   Faltungscodes – eine verquere Welt?

Was aber versteht man nun unter einem Faltungscode? Ein **Faltungscode** wird durch ein Schieberegister beschrieben, dessen Speicherzellen alle mit 0 vorbelegt sind, in das taktweise eine prinzipiell beliebig lange Folge von Informations-Bits geschoben wird und dessen Ausgabe-Bits ineinander verschachtelt eine doppelt so lange Folge von Code-Bits ausgeben. Man kann sich auch Schieberegister mit

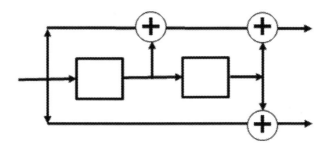

Abb. 6.4 Der kleine Faltungscode mit Binärkennung (111, 101)

mehr als zwei Ausgängen vorstellen, auf die wir aber nicht weiter eingehen wollen. Abb. 6.4 zeigt das kleine Schieberegister aus Abschn. 6.1. zur Beschreibung eines Faltungscodes.

Eigentlich muss uns doch jetzt die Welt in Bezug auf das bislang Gelernte ziemlich verquer vorkommen. Zum Einen verdoppelt man bei Faltungscodes die Anzahl der Bits, erzeugt also genauso viele redundante Bits wie Informations-Bits. Bislang sind wir ja davon ausgegangen, dass man die Anzahl der redundanten Bits gegenüber der der Informations-Bits möglichst gering halten sollte.

Außerdem sind Faltungscodes offenbar sehr einfach gestrickt und verwenden dabei nur Bits, also nicht einmal Bytes. Gerade die Entdeckung von Reed-Solomon-Codes schien uns doch klar gemacht zu haben, dass eine etwas kompliziertere Struktur eher hilfreich sein sollte bei der Konstruktion guter Codes.

Letztlich konnten wir bei unseren Codewörtern bislang von gleichgroßen Blöcken aus Bits oder Bytes ausgehen. An je mehr Stellen sich verschiedene Codewörter mindestens unterschieden, um so besser war dabei die Korrekturfähigkeit. Wir sprachen vom Minimalabstand d. Ist dabei $2 \cdot e$ kleiner als d, so konnte man bis zu e Fehlern je Codewort korrigieren. Wie aber soll man jetzt bei einer prinzipiell beliebig langen Folge von Bits argumentieren?

Hier ist ein „halbherziger" Ersatz als Gütekriterium eines Faltungscode. Man schaut sich nämlich nur **terminierte** Codesequenzen an, bei denen alle Speicherzellen nach mehreren Takten wieder ihren initialen Wert 0 annehmen. Man spricht vom **freien Abstand** f eines Faltungscode, wenn sich zwei verschiedene terminierte Codesequenzen gleicher Länge stets an mindestens f Stellen unterscheiden, aber nicht mehr unbedingt an f + 1. Je größer also der freie Abstand, desto besser ist die Korrekturfähigkeit des Codes „lokal" um einen „kleinen" Bereich herum.

Ist also 2·e kleiner als der freie Abstand f, dann kann man „lokal" bis zu e Fehlern korrigieren.

Jedenfalls ist folgende Tatsache festzuhalten: Mit Faltungscodes kann man überraschend viele Empfangs- und Auslesefehler korrigieren, und das eben auch mit extrem schnellen Computerschaltungen. Daher fanden und finden Faltungscodes weiterhin verbreitet Anwendung. Sie wurden bereits im Jahr 1955 von **Peter Elias** am MIT in den USA vorgeschlagen.

Da man also mit Faltungscodes gerne arbeitet, braucht man außer der grafischen Darstellung des zugehörigen Schieberegisters noch eine kompaktere Notation, um die Codes zu beschreiben. Und das macht man so: Für die obere und untere Leiste schreibt man von links nach rechts eine 1, wenn von der mittleren Leiste aus eine Verschaltung vorhanden sein soll, und eine 0 wenn nicht. Üben wir das gleich anhand unseres kleinen Beispiels: Nach oben ist an allen drei möglichen Stellen verschaltet, also 111, nach unten ist nur an der ersten und der letzten Stelle eine Verschaltung vorhanden, also 101. Insgesamt verwendet man daher für den Faltungscode die Binärkennung (111, 101). Das ist dann kurz und einfach zu interpretieren.

6.3   Eine Katastrophe schlechthin

Nun müssen wir aber bei der Euphorie etwas auf die Bremse treten. Es gibt nämlich auch Faltungscodes, die eine Katastrophe schlechthin sind, und deren zugrundeliegendes Schieberegister gar nicht mal so katastrophal aussieht, sondern eher ganz normal. Abb. 6.5 zeigt ein kleines Beispiel. Seine Binärkennung lautet (101, 110).

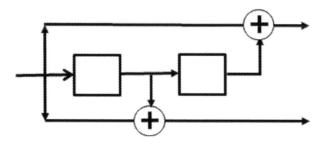

Abb. 6.5 Der kleine katastrophale Faltungscode mit Binärkennung (101, 110)

Schauen wir uns bei diesem Beispiel das Fatale einmal an. Wir initialisieren dazu die beiden Speicherzellen mit 0 und geben die prinzipiell unendliche Sequenz ... 1 1 1 1 1 auf den Eingang, die also nur aus 1-Bits besteht. Wie sieht dabei die Codefolge aus? Beim ersten Takt wird offenbar 1 1 ausgegeben, beim zweiten 1 0 und bei jedem weiteren Takt 0 0. Aus einer Informationssequenz mit nur 1-Bits wird eine Codesequenz mit fast nur 0-Bits, bis auf die ersten drei Stellen. Zur Fehlerkorrektur würde man daraus sicherlich ableiten wollen, dass nahezu alle Informations-Bits gleich 0 sind und hätte damit fast jedes Bit falsch korrigiert. Man nennt solche Codes daher **katastrophal**. Von denen sollte man also auf jeden Fall die Finger lassen.

6.4 NASA Standard Concatenated Code

Wir wollen uns jetzt einen etwas komplizierteren Faltungscode mit sechs Speicherzellen anschauen, nämlich den gemäß Abb. 6.6. Seine Binärkennung lautet (1111001, 1011011).

Er ist übrigens der beste Faltungscode mit sechs Speicherzellen und hat freien Abstand 10. Kein Wunder, dass er gerne verwendet wurde und auch noch wird, zum Beispiel von der NASA. Wir hatten in Abschn. 5.5 bereits begonnen, das von der NASA entwickelte Fehlerkorrekturverfahren zu beschreiben. Es handelte sich dabei um den Reed-Solomon-Code mit 223 Informations-Bytes und 32 redundanten Bytes, über Interleaving verknüpft mit einem noch zu beschreibenden Faltungscode. Jetzt können wir diesen Faltungscode konkretisieren, es

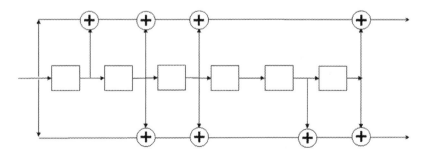

Abb. 6.6 Faltungscode mit sechs Speicherzellen und mit Binärkennung (1111001, 1011011)

Abb. 6.7   NASA Standard Concatenated Code

Abb. 6.8   Fehlerkorrekturverfahren beim TV-Satellitenempfang DVB-S

handelt sich nämlich genau um (1111001, 1011011). Die gesamte Konstellation, die zum **NASA Standard Concatenated Code** avancierte, ist in Abb. 6.7 zusammengefasst.

6.5   TV per Satellit

Wir hatten uns in Abschn. 5.6 auch bereits mit dem Fehlerkorrekturverfahren beim Digitalfernsehen DVB beschäftigt. Es handelte sich dabei um den Reed-Solomon-Code mit 188 Informations-Bytes und 16 redundanten Bytes sowie einem anschließenden Interleaving. Wir hatten auch erwähnt, dass für den besonders fehleranfälligen Satellitenempfang DVB-S noch ein zusätzlicher Faltungscode angewandt wird. Auch diesen können wir nun präzisieren, es handelt sich nämlich wiederum um den Code (1111001, 1011011). Die gesamte Konstellation des Fehlerkorrekturverfahrens von DVB-S ist in Abb. 6.8 wiedergegeben.

6.6   Auf sicherer Route

Wenn wir schon bei Satelliten sind, wollen wir auch gleich noch auf die Satellitennavigation eingehen. Zu diesem Zweck befinden sich Satelliten auf

Erdumlaufbahnen, die mit Radiosignalen ständig ihre aktuelle Position und die genaue Uhrzeit sowie andere technische Nutzdaten ausstrahlen. Aus den Signallaufzeiten von vier Satelliten können spezielle Empfänger die eigene Position berechnen. Es gibt mehrere Systeme weltweit, insbesondere das Amerikanische **GPS (Global Positioning System)**. GPS stammt aus den späten 1980er Jahren und war ursprünglich eine Entwicklung für die Navigation der US-Marine. Es ist jedoch heutzutage zumindest teilweise zivil nutzbar, und als solches für Autofahrer in weiten Teilen der Welt de-facto Standard. GPS sendet auf verschiedenen Frequenzbändern. Wir wollen uns hier um die Fehlerbehandlung bei den Frequenzbändern L2C und L5 kümmern. Während L2C ein zivil und kommerziell nutzbares Frequenzband ist, wird L5 für die Sicherheit in der Luftfahrt eingesetzt.

Zur Fehlerkorrektur setzt man auch hierbei den Faltungscode (1111001, 1011011) ein. Allerdings wird dieser diesmal nicht mit einem Reed-Solomon-Code verknüpft. Man verwendet statt dessen eine andere Technik, nämlich ein CRC-Verfahren gemäß Abschn. 3.7. Ein Informationsblock von L2C bzw. L5 wird dabei vor Anwendung des Faltungscodes um 24 redundante Bits mithilfe des Polynoms CRC-24-Q erweitert. Damit kann man insbesondere Fehlerbündel (Bursts) von bis zu 24 Bits je Bit-Block erkennen.

6.7 Small Talk

GSM **(Global System for Mobile Communications)** bezeichnet den um 1990 festgelegten Standard für den digitalen Mobilfunk der zweiten Generation **(2G)**, als Nachfolger der analogen Netze der ersten Generation. Er wurde hauptsächlich für Telefonie und SMS (Short Messages) konzipiert. Heute geht zwar die Nutzung kontinuierlich zurück, dennoch ist GSM nach wie vor noch weltweit verbreitet. Mit moderneren Technologien kann Sprache in besserer Qualität und Daten können mit viel höherer Geschwindigkeit übertragen werden. Wir kommen in diesem Zusammenhang in Abschn. 7.4 auf UMTS/LTE/5G zurück.

Jedenfalls wird bei GSM ebenfalls ein Faltungscode zur Fehlerkorrektur eingesetzt. Es handelt sich dabei um einen Code mit vier Speicherzellen und mit Binärkennung (10011, 11101), wie er in Abb. 6.9 als Schieberegister dargestellt ist. Es ist der beste Faltungscode mit vier Speicherzellen und hat freien Abstand 7.

Und auch bei GSM kommt zusätzlich ein CRC-Verfahren zur Anwendung, auf das wir aber nicht näher eingehen wollen.

Den Turbo gezündet 7

7.1 Rückgekoppelte Bits

Wir wollen nun den Turbo zünden, indem wir Turbo-Codes untersuchen. Um diese zu verstehen, variieren wir unser Konzept der Faltungscodes ein wenig und betrachten **rückgekoppelte Schieberegister**. Auch ein rückgekoppeltes Schieberegister hat mehrere Speicherzellen. Abb. 7.1 zeigt wieder ein sehr kleines Beispiel mit nur zwei Speicherzellen, die beide mit 0 vorbelegt sind. Die Bits, die verarbeitet werden sollen, warten wieder links am Eingang des Schieberegisters, während sich rechts diesmal nur ein Ausgang befindet. Das wesentlich Neue gegenüber „normalen" Schieberegistern ist aber, dass die Verschaltungen nicht alle „vorwärts" zum Ausgang hin gerichtet sind. Vielmehr wird auch „rückwärts" verschaltet, im Beispiel über die obere Leiste. Man sagt, es wird **rückgekoppelt**.

Sobald es zu arbeiten beginnt, ist auch ein rückgekoppeltes Schieberegister einem festen, in der Praxis extrem schnellen Takt unterworfen. Dabei wird Bit für Bit taktweise von links in das Schieberegister eingespeist und zusammen mit den Bits der Speicherzellen entlang aller Verschaltungen weitergeschoben. Auf dem Weg durch die Verschaltungen werden zusätzlich einige Additionen durchgeführt. Dabei wird *ein* Bit am rechten Ausgang ausgegeben.

Zur Illustration sind in Abb. 7.2 und 7.3 die Zustände nach dem ersten und dem zweiten Takt dargestellt. Diesmal sind die Rechnungen aber etwas vertrackt. Wir führen daher die des ersten Taktes ausführlich vor:

- Neuer Inhalt der linken Speicherzelle =
  Inhalt der linken Speicherzelle + Inhalt der rechten Speicherzelle + Eingangs-Bit = 0 + 0 + 1 = 1
- Neuer Inhalt der rechten Speicherzelle = Inhalt der linken Speicherzelle = 0

O. Manz, *Den Fehlerteufel ausgetrickst*, essentials,
https://doi.org/10.1007/978-3-662-66297-7_7

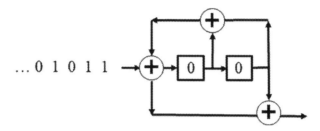

Abb. 7.1 Kleines rückgekoppeltes Schieberegister initial

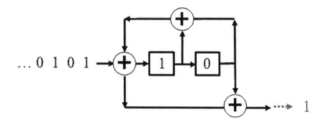

Abb. 7.2 Kleines rückgekoppeltes Schieberegister nach dem ersten Takt

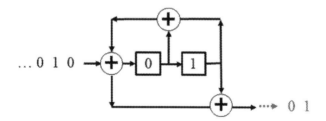

Abb. 7.3 Kleines rückgekoppeltes Schieberegister nach dem zweiten Takt

- Ausgabe-Bit = Inhalt der linken Speicherzelle + Eingabe-Bit = 0 + 1 = 1
  (Die Addition des Inhalts der rechten Speicherzelle erfolgt dabei doppelt und hebt sich daher auf.)

7.2   Turbo-Codes – eine zweite Revolution?

Leider kann man Turbo-Codes nicht ganz so einfach wie Faltungscodes mit nur einem rekursiven Schieberegister beschreiben, da bei nur einem Ausgang die ausgegebene Codefolge gar keine Redundanz gegenüber der eingegebenen besitzen würde. Statt dessen verwendet man die in Abb. 7.4 wiedergegebene Konstellation.

Ein **Turbo-Code** besteht also aus zwei gleichen rückgekoppelten Schieberegistern mit jeweils einem Ausgang, deren Speicherzellen alle mit 0 vorbelegt sind. In beide Schieberegister wird taktweise eine prinzipiell beliebig lange Folge von Informations-Bits hineingeschoben, die auch zusätzlich noch unverändert mit ausgegeben wird. Ineinander verschachtelt ergeben die Ausgabe-Bits somit die gegenüber den Eingabe-Bits verdreifachte Anzahl von Code-Bits.

Es werden jedoch die Informations-Bits vor der Einspeisung mit einer je Anwendung vorgegebenen Blocklänge gepuffert. Ausschließlich für das untere rekursive Schieberegister wird dieser Bit-Block einem Interleaving und einer Permutation unterzogen, die beide ebenfalls je Anwendung spezifizierbar sind. Der unveränderte Bit-Block wird anschließend auf die beiden oberen Eingabeleisten und der permutierte Bit-Block synchron auf die untere Eingabeleiste gegeben und weiterverarbeitet.

Turbo-Codes wurden erstmals 1993 von **Claude Berrou, Alain Glavieux** und **Punya Thitimajshima** vorgeschlagen und publiziert. Ihre Entdeckung gilt als

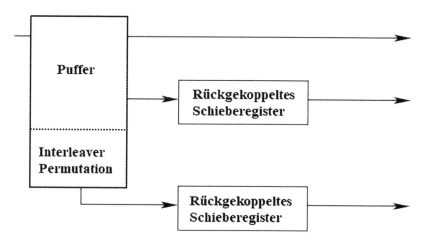

Abb. 7.4 Prinzipieller Aufbau eines Turbo-Codes

eine zweite Revolution in der Codierungstheorie. Denn Turbo-Codes zählen heutzutage zu den besten Fehlerkorrekturverfahren überhaupt, obgleich man ihre Güte nicht mithilfe von systematischen Methoden bestimmen kann, wie wir das etwa von den Reed-Solomon-Codes her kennen. Daher ist die Wahl des verwendeten rekursiven Schieberegisters, sowie die des Interleaving und der Permutation nur mit aufwendigen Simulationen optimierbar. Ziel des Interleaving und der Permutation ist, dass dort, wo das eine Schieberegistern „lokal" viele 1-Bits ausgibt, das andere viele 0-Bits erzeugen sollte. Das Motto bei der Konstruktion von Turbo-Codes lautet also: Probieren und Simulieren.

7.3   Gut performed

Wie aber kann man nun die Güte von Turbo-Codes konkret messen? Bei Hamming-, Reed-Muller, Golay- und Reed-Solomon-Codes war großer Minimalabstand das entscheidende Gütekriterium, bei Faltungscodes konnte man hierfür immerhin noch den freien Abstand verwenden. Bei Turbo-Codes ist davon nichts mehr übrig, nur noch das **Performance-Diagramm.** Ein solches ist schematisch in Abb. 7.5 aufgetragen.

Man kann Performance-Diagramme aufnehmen für digitale Datenübertragungen mithilfe elektrischer Signale. Auf der horizontalen x-Achse könnte man die **Signalleistung** auftragen, d. h. die Leistung des Trägersignals der digitalen Information. Intuitiv ist klar: Je höher diese Leistung ist, desto verständlicher sollte eine Information nach Übertragung über die Leitung beim Empfänger ankommen. Das, was dabei aber normalerweise stört, ist die permanente **Rauschleistung** im Hintergrund. Also wählt man auf der x-Achse besser das Verhältnis **Signal-/Rauschleistung** und sagt: Je kleiner dieses Verhältnis ist, je weniger also das Trägersignal aus dem Rauschen „herausragt", um so größer ist die Gefahr von Fehlern und um so notwendiger und herausfordernder werden fehlerkorrigierende Codes.

Auf der vertikalen y-Achse trägt man die gemessene **Bit-Fehlerrate** beim Empfänger auf, das ist die Anzahl der falsch empfangenen Bits im Verhältnis zu allen gesendeten Bits.

Solche Messungen kann man auch durchführen und die zugehörigen Performance-Diagramme aufnehmen für den Fall, dass eine Datenübertragung zusätzlich durch einen fehlerkorrigierenden Code gesichert ist. Abb. 7.5 zeigt das Performance-Diagramm mit typischen Verläufen für Turbo-Codes einerseits und Reed-Solomon- bzw. Faltungscodes andererseits. Man sieht daran, dass bei schlechten, d. h. kleinen Signal-/Rauschverhältnissen ein guter Turbo-Code eine

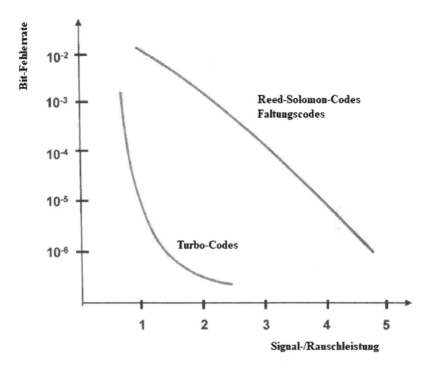

Abb. 7.5 Performance-Diagramm (schematisch)

deutlich bessere, weil kleinere Bit-Fehlerrate erreichen kann als Reed-Solomon-bzw. Faltungscodes. Turbo-Codes haben daher eine weit bessere „Performance". Mit solchen Performance-Diagrammen arbeitet man also zur Bestimmung der Güte von Turbo-Codes.

7.4   Modern Talking

Wir haben uns in Abschn. 6.7 bereits mit dem Standard GSM für den digitalen Mobilfunk der zweiten Generation (2G) beschäftigt und gesehen, welcher Faltungscode hierbei zur Fehlerkorrektur eingesetzt wird. Als Mobilfunkstandard der dritten Generation (**3G**) mit deutlich höheren Datenübertragungsraten

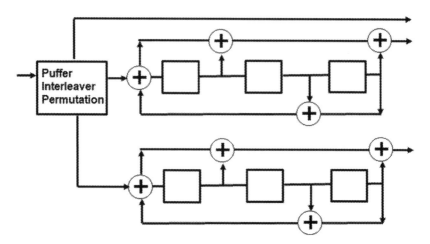

Abb. 7.6 Turbo-Code bei UMTS/LTE/5G

wurde im Laufe der 1990er Jahre UMTS (**Universal Mobile Telecommunications System**) entwickelt. UMTS umfasst zusätzliche Dienste wie E-Mail und Internet. Mittlerweile ist bereits seit einigen Jahren LTE (**Long Term Evolution**) als Mobilfunkstandard der vierten Generation (**4G**) im Einsatz sowie in jüngster Zeit auch schon die fünfte Generation (**5G**). Dabei bauen LTE und 5G auf eine ähnliche Architektur wie UMTS auf.

Zur Fehlerkorrektur bei UMTS/LTE/5G ist ein Turbo-Code mit der in Abb. 7.6 gezeigten Schaltlogik im Einsatz. Dabei werden die Informations-Bits in Blöcken gepuffert, die stufenweise konfigurierbar zwischen 40 und 5114 Bits lang sein dürfen. Je größer dabei die Pufferlänge gewählt wird, um so besser ist die Performance des Codes. Auf die Permutation und das verwendete Interleaving wollen wir hier nicht weiter eingehen.

7.5   Per Turbo durchs All

In Abschn. 6.4 haben wir den NASA Standard Concatenated Code vorgestellt. Nun ist die Raumfahrt nicht immer nur Vorreiter was den Einsatz neuer technischer Verfahren angeht, wie beispielsweise neu entwickelte fehlerkorrigierende Codes. Denn außer besserem Korrekturverhalten und effizienterer Rechnerimplementierung sind auch andere Kriterien zu berücksichtigen, wie etwa die erwiesene

Betriebstauglichkeit und Zuverlässigkeit erprobter Verfahren, sowie die Investitionssicherheit über viele Jahre der Projektierung und Durchführung einer Mission. Dennoch haben NASA und die europäische Weltraumorganisation ESA in jüngerer Vergangenheit auch die Entwicklung von Turbo-Codes vorangetrieben. Eingesetzt wurde der Turbo-Code mit der Schaltlogik gemäß Abb. 7.7 bei der ESA-Sonde **Rosetta,** die auf ihrer Umlaufbahn um den nur wenige Kilometer großen Kometen „Tschuri" ihren Lander **Philae** 2014 spektakulär auf der Kometenoberfläche abgesetzt hat. Der gleiche Turbo-Codes kam und kommt auch bei der NASA-Sonde **New Horizons** zum Einsatz. Diese ist zur Zeit im sog. Kuipergürtel unterwegs, einem Bereich unzähliger Kleinstobjekte, der sich außerhalb der Neptunbahn bis nahezu an den Rand unseres Sonnensystems erstreckt. Im Jahr 2015 hat sie dabei den Zwergplaneten Pluto, das größte Objekt im Kuipergürtel, aber von der Größe nur eines Drittels unseres Monds, im Vorbeiflug erkundet.

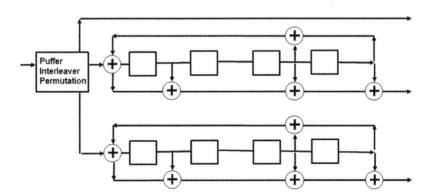

Abb. 7.7 Turbo-Code in der Raumfahrt

Fehler! – Was nun?

8.1 Was allgemein geht

Wir haben uns bislang recht intensiv mit der Konstruktion guter fehlerkorrigierender Codes beschäftigt und haben dabei auch entsprechende Gütekriterien entwickelt. Was aber, wenn wir in die konkrete Situation geraten, einen mit Hilfe eines Fehlerkorrekturverfahrens gesicherten Bit-String über eine Datenübertragung zu empfangen oder aus einem Speicher auszulesen und diesen dann auch wirklich korrigieren zu müssen? Man nennt diesen Vorgang auch das **Decodieren** eines Codes. Die Güte des verwendeten Codes mag ja hervorragend sein, aber wie um alles in der Welt decodiert man ihn den eigentlich konkret?

Nehmen wir zunächst einmal Codes, wie wir sie anfänglich betrachtet haben, nämlich solche mit einer festen Blocklänge aus Informations- und redundanten Bits und mit Minimalabstand d. Ist dabei $2 \cdot e$ kleiner als d, wobei wir e so groß wie möglich wählen wollen, so wissen wir, dass wir dann bis zu e Fehler korrigieren können.

Wie würde man dabei intuitiv vorgehen? Man würde sicherlich zu einem empfangenen oder ausgelesenen Bit-Block ein Codewort suchen, das sich an möglichst wenigen Stellen von dem Bit-Block unterscheidet. Sind also höchstens e Fehler aufgetreten, so gibt es nur ein einziges solches Codewort und die Korrektur ist gelungen. Sind dagegen mehr als e Fehler aufgetreten, so kann es möglicherweise mehrere solche Codewörter geben und die Korrektur ist mit einiger Wahrscheinlichkeit fehlerhaft.

Und so archaisch das Ganze klingen mag: Im Allgemeinen hat man keine andere Möglichkeit, als so vorzugehen und recht zeitaufwändig alle Codewörter zu durchsuchen, um eines oder mehrere zu finden, die sich an möglichst wenigen Stellen vom empfangenen oder ausgelesenen Bit-Block unterscheiden.

© Der/die Autor(en), exklusiv lizenziert an Springer-Verlag GmbH, DE, ein Teil von Springer Nature 2022
O. Manz, *Den Fehlerteufel ausgetrickst*, essentials,
https://doi.org/10.1007/978-3-662-66297-7_8

Man nennt dieses Fehlerkorrekturverfahren **Hamming-Decodierung.** Bei einem
Code der Länge n mit k Informations-Bits muss ein Computer also bei allen 2^k
Codewörtern deren n Bits mit dem empfangenen oder ausgelesenen Bit-Block
vergleichen.

Wenn man bei Hamming-Decodierung ein Codewort findet, das sich an maximal e Stellen vom empfangenen String unterscheiden, dann weiß man nicht mal
mit Sicherheit, dass diese Korrektur korrekt ist. Denn es könnten ja mehr als e
Fehler aufgetreten sein, sodass ein anderes Codewort besser „platziert" ist als
das ursprünglich gesendete oder gespeicherte. Findet man jedoch bei Hamming-
Decodierung nur ein oder mehrere Codewörter, die sich an mehr als e Stellen
unterscheiden, dann weiß man mit Sicherheit, dass mehr als e Fehler aufgetreten sind und dass das oder die Codewörter mit einiger Wahrscheinlichkeit nicht
die richtigen sind. In diesem Fall geht man häufig so vor, dass man nicht korrigiert und den empfangenen oder ausgelesenen Block nur als „nicht decodierbar"
markiert. Man spricht dann von **BD-Decodierung (Bounded Distance).**

8.2   Wie man's besser machen kann

Besser und schneller funktioniert eine Decodierung dann, wenn man das Verfahren an die Struktur des jeweiligen Codes anpasst, so zum Beispiel an Hamming
Codes. Hierfür gibt es ein spezielles Verfahren, die **Simplex-Decodierung.**
Hierzu nutzt man die spezielle Form der zur Konstruktion von Hamming-Codes
verwendeten Schemata gemäß Abschn. 4.4. Für einen empfangenen -oder ausgelesenen Bit-Block $a_1 \dots a_n$ bildet man nämlich wieder die Skalarprodukte mit
allen r Zeilen des Schemas. Dabei ergibt sich aneinandergereiht ein Block $b_1 \dots$
b_r aus r Bits. Wir gehen davon aus, dass $a_1 \dots a_n$ genau einen Fehler enthält.
Dann ist dies also kein Codewort des Hamming-Codes, also sind nicht alle b_i
gleich 0. Somit muss $b_1 \dots b_r$ als Spalte gelesen eine der Spalten des Schemas
sein, sagen wir die j. Spalte. Ändern wir aber nun das j. Bit in $a_1 \dots a_n$ ab,
d. h. machen wir aus einer 0 eine 1 oder aus einer 1 eine 0, dann hat der neue
Bit-Block das Skalarprodukt 0 mit allen Zeilen des Schemas und ist somit das
gesuchte Codewort, zu dem korrigiert wird.

Betrachten wir als Beispiel den kleinen Hamming-Code mit seinem Schema

$$\begin{pmatrix} 0\,0\,0\,1\,1\,1\,1 \\ 0\,1\,1\,0\,0\,1\,1 \\ 1\,0\,1\,0\,1\,0\,1 \end{pmatrix}$$

Es werde der Block 0 0 0 1 1 0 1 empfangen oder ausgelesen. Dann ergeben die Skalarprodukte mit den Zeilen des Schemas die Bits 1 1 0 und dies entspricht der 6. Spalte des Schemas. Wir ändern also das 6. Bit und korrigieren zum Codewort 0 0 0 1 1 1 1.

Auch für Reed-Muller-Codes gibt es ein speziell zugeschnittenes Decodierverfahren. Die **Majority-Logic-Decodierung** entscheidet per „Mehrheitsvotum", wo in einem empfangenen Wort ein Fehler aufgetreten ist. **Irving Reed** publizierte dieses Verfahren 1954, also im gleichen Jahr, in dem auch die Codes selbst entdeckt wurden. Wir gehen aber auf dieses Decodierverfahren nicht näher ein.

Es überrascht sicher nicht, dass wir bei der Komplexität der Reed-Solomon-Codes auch auf deren speziell zugeschnittenes Decodierverfahren nicht näher eingehen können. Es handelt sich dabei um die **PGZ-Decodierung,** die fast gleichzeitig mit der Entdeckung der Reed-Solomon-Codes in den Jahren 1960 und 1961 von **Wesley Peterson, Daniel Gorenstein** und **Neal Zierler** publiziert wurde. Jedoch war dabei leider ein Schritt des Verfahren bezüglich Antwortzeitverhalten viel zu langsam für technische Anwendungen. Daher musste man auf den Einsatz von Reed-Solomon-Codes in der Praxis noch fast ein Jahrzehnt warten. Erst der **Berlekamp-Massey-Algorithmus,** der von **Elwyn Berlekamp** und **James Massey** in den Jahren 1965, 1968 und 1969 publiziert wurde, konnte die Schwachstelle in der PGZ-Decodierung.

8.3 Viterbi lässt grüßen

Faltungscodes, die doch recht unspektakulär daherkommen, sind deshalb so beliebt, weil man für sie ein extrem einfaches und schnelles Decodierverfahren zur Verfügung hat. Es handelt sich um die **Viterbi-Decodierung,** die 1967 von **Andrew Viterbi** vorgeschlagen wurde. Hierzu verwendet man ein Diagramm, das für unseren kleinen Faltungscode aus Abschn. 6.2 in Abb. 8.1 wiedergegeben ist und die Situation nach 4 Takten zeigt. Senkrecht aufgeführt sind dabei als „Knoten" alle 4 möglichen Zustände der Speicherzellen des Schieberegisters und das für jeden Takt. Weiterhin sind einige der Knoten, die ineinander überführbar sind, durch Pfeile miteinander verbunden, wobei man die zugehörigen Ein- und Ausgabe-Bits an die Pfeile schreibt. Außerdem enthält das Diagramm oberhalb eine Bit-Folge aus Bit-Paaren, die den empfangenen oder ausgelesenen Bit-String der ersten 4. Takte darstellen soll.

Das Diagramm ist in den ersten 3 Takten schon „entwickelt". Was das heißen soll, erklären wir jetzt. Der bereits entwickelte Teil des Diagramms bis zum 3. Takt enthält jedenfalls an den Knoten die Information, an wieviel Stellen sich

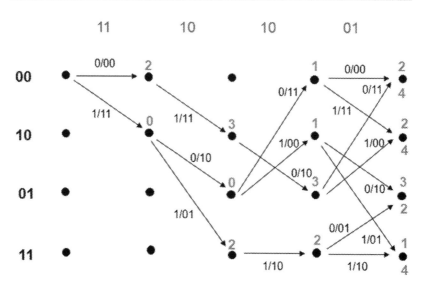

Abb. 8.1 Viterbi-Decodierung: Entwickelter Abschnitt nach 3 Takten und Berechnungen im 4. Takt

die empfangene oder ausgelesene Bit-Folge von den auf diesem Pfad der Pfeile tatsächlich erzeuten Ausgabe-Bits unterscheiden. Um das Diagramm weiterzuentwickeln, verbindet man im 4. Takt zunächst all die Knoten mit Pfeilen, die prinzipiell ineinander überführbar sind, wobei man wieder die zugehörigen Ein- und Ausgabe-Bits an die Pfeile schreibt. Außerdem bestimmt man für den 4. Takt zu jedem Pfeil die Anzahl der Stellen, um die sich das empfangene oder ausgelesene Bit-Paar von den tatsächlich ausgegebenen Bit-Paaren unterscheiden. Diese Anzahl addiert man zu den Werten am jeweiligen Anfangsknoten der Pfeile und schreibt die Ergebnisse an die Zielknoten. Jetzt kommt der entscheidende Schritt, wie man das Diagramm im 4. Takt weiterentwickelt. Dies ist in Abb. 8.2 visualisiert. Für jeden der 4 Knoten nach dem 4. Takt lässt man nämlich nur noch den gesamten Pfad aus Pfeilen stehen, der dort mit dem kleineren der beiden Werte versehen ist. Diese Pfade unterscheiden sich nämlich an weniger Stellen vom empfangenen oder ausgelesenen Bit-String und sind daher wahrscheinlicher.

Man erkennt also schon jetzt, dass die Ein- und Ausgabe-Bits im 1. Takt bereits eindeutig bestimmt sind und dass auch die im 2. Takt von drei auf zwei Möglichkeiten reduziert wurden. Auf diese Weise entwickelt sich das Diagramm also Takt für Takt. Es wird dabei für die weiter zurückliegenden Takte immer

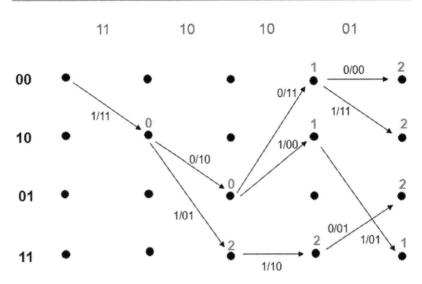

Abb. 8.2 Viterbi-Decodierung: Entwicklung im 4. Takt

konkreter und ergibt am Ende einen **Surviver-Pfad** mit evtl. wenigen mehrdeutigen Abschnitten am Ende, die man im Übrigen durch Terminierung weitgehend vermeiden kann. Am Surviver-Pfad kann man dann sämtliche Ein- und auch Ausgabe-Bits ablesen.

Für größere Faltungscodes mit mehr als zwei Speicherzellen wird das Diagramm natürlich komplexer und unüberschaubarer. Man muss sich aber darüber im Klaren sein, dass die Vorgehensweise natürlich nicht für die manuelle Abarbeitung, sondern vielmehr als Vorlage für ein Computerprogramm erfunden wurde.

8.4 Viterbi in soft

Ähnlich wie bei Faltungscodes ist auch bei Turbo-Codes das Decodierverfahren das eigentlich Besondere. Es beruht auf einer Variante der Viterbi-Decodierung, nämlich der „soft-Variante" **SOVA (Soft-Output-Viterbi-Algorithmus)**. Diese wurde erst viel später im Jahr 1989 von **Joachim Hagenauer** vorgeschlagen. Wir haben ja schon bei der normalen Viterbi-Decodierung gesehen, dass die taktweise Auswahl eines Pfades auf der Annahme beruht, dass der Pfad mit weniger

Abweichungen vom empfangenen oder ausgelesenen Bit-String der wahrschein-
lichere ist. Man kann diesen Gedanken noch ein Stück weiter treiben und
eine Viterbi-Decodierung beschreiben, die noch stärker mit Wahrscheinlichkeiten
arbeitet. Genau dies macht nämlich SOVA. Ergänzend zur gewöhnlichen Viterbi-
Decodierung vergleicht man dabei bei jedem Takt die Pfeile der vorangegangenen
Takte in den überlebenden Pfaden mit denen in den nicht-überlebenden. Aufgrund
dieses Vergleichs werden den zugehörigen Eingabe-Bits „Vertrauensfaktoren"
zugewiesen, die man sich beispielsweise stufenweise als „sehr wahrscheinlich",
„wahrscheinlich" und „möglicherweise" vorstellen kann und deren Granulari-
tät frei wählbar ist. Am Ende wird sich also dabei ein Surviver-Pfad ergeben,
bei dem die zugehörigen Eingabe-Bits nicht hart, sondern eben nur „soft" mit
Vertrauensfaktoren bestimmt sind.

Ein **Turbo-Decodierer** verwendet SOVA und funktioniert prinzipiell wie folgt.
Zunächst wird für den Teil des empfangenen oder ausgelesenen Bit-Strings,
der den unveränderten Bits und den Ausgabe-Bits des oberen Schieberegisters
entspricht, eine SOVA-Decodierung durchgeführt. Anschließend wird eine SOVA-
Decodierung für den Teil des Bit-Strings durchgeführt, der den unveränderten
Bits und den Ausgabe-Bits des unteren Schieberegisters entspricht. Dabei werden aber die Vertrauensfaktoren für die im ersten Lauf bestimmten Eingabe-Bits
als Vorbewertung mit berücksichtigt. Im nächsten Schritt wiederholt man den
ersten SOVA-Lauf aber mit den im zweiten Lauf bestimmten Vertrauensfaktoren als Vorbewertung. So geht das einige Male hin und her, bis das Verfahren
keine substanzielle Veränderung im Ergebnis mehr erbringt. Dies ist in der Praxis
überraschend schnell und bereits nach wenigen Iterationen der Fall.

Hier endet auch gleichzeitig unsere Reise durch die Welt der fehlererken-
nenden und fehlerkorrigierenden Codes, bei der wir in der Tat die wichtigsten,
auch für die Praxis relevanten Verfahren kennengelernt haben. Zukünftig wird es
uns also nicht mehr verwundern, dass etwa Handy-Gespräche weltweit in einer
so exzellenten Qualität empfangen werden, dass selbst heftig zerknitterte BAR-
Codes noch problemlos eingescannt werden können und dass Raumsonden fern
unserer Zivilisation so brilliante Bilder zur Erde funken.

Was Sie aus diesem *essential* mitnehmen können

- Sie wissen nun, wie man die Prüfziffern der Europäischen Artikelnummer EAN und der Kontonummer IBAN zur Fehlererkennung nutzt.
- Sie haben sich einen Überblick über die wichtigsten CRC-Polynome und deren Praxis-Anwendungen zur Fehlererkennung verschafft.
- Sie haben gelernt, wie man den kleinen Hamming Code und die Serie weiterer Hamming-Codes konstruieren kann.
- Sie kennen das Konstruktionsprinzip der Reed-Solomon-Codes und deren Fehlerkorrektureigenschaft.
- Sie haben sich mit der Wirkungsweise von Schieberegistern zur Erzeugung von Faltungscodes vertraut gemacht.
- Sie haben ein Verständnis für die Schaltlogik der hochperformanten Turbo-Codes entwickelt.
- Sie kennen wichtige Verfahren zur expliziten Korrektur von Fehlern und können diese einordnen.

© Der/die Herausgeber bzw. der/die Autor(en), exklusiv lizenziert an Springer-Verlag GmbH, DE, ein Teil von Springer Nature 2022
O. Manz, *Den Fehlerteufel ausgetrickst*, essentials,
https://doi.org/10.1007/978-3-662-66297-7

Printed in the United States
by Baker & Taylor Publisher Services